折射集
prisma

照亮存在之遮蔽

Gilbert Simondon

Du mode d'existence des objets techniques

当代学术棱镜译丛 · 西蒙东思想系列
丛书主编 张一兵 副主编 周宪 周晓虹

论技术物的存在模式

[法] 吉尔贝·西蒙东 著 许煜 译

南京大学出版社

江苏省版权局著作权合同登记 图字:10-2015-204 号

Cet ouvrage a bénéficié du soutien des Programmes d'aide à la publication de l'Institut français.

本书得到了法国对外文教局的版税资助。

图书在版编目(CIP)数据

论技术物的存在模式 /(法)吉尔贝·西蒙东著；
许煜译. -- 南京：南京大学出版社，2024.2
(当代学术棱镜译丛 / 张一兵主编)
ISBN 978-7-305-25917-3

Ⅰ. ①论… Ⅱ. ①吉… ②许… Ⅲ. ①技术哲学-研究 Ⅳ. ①N02

中国版本图书馆 CIP 数据核字(2022)第 125501 号

出版发行 南京大学出版社
社　　址 南京市汉口路 22 号　　　邮　编　210093
丛 书 名 当代学术棱镜译丛
书　　名 论技术物的存在模式
　　　　 LUN JISHUWU DE CUNZAI MOSHI
著　　者 [法]吉尔贝·西蒙东
译　　者 许　煜
责任编辑 张　静
照　　排 南京南琳图文制作有限公司
印　　刷 江苏凤凰通达印刷有限公司
开　　本 635 mm×965 mm　1/16　印张 16　字数 226 千
版　　次 2024 年 2 月第 1 版　2024 年 2 月第 1 次印刷
ISBN 978-7-305-25917-3
定　　价 65.00 元

网址：http://www.njupco.com
官方微博：http://weibo.com/njupco
官方微信号：njupress
销售咨询热线：(025)83594756

《当代学术棱镜译丛》总序

自晚清曾文正创制造局，开译介西学著作风气以来，西学翻译蔚为大观。百多年前，梁启超奋力呼吁："国家欲自强，以多译西书为本；学子欲自立，以多读西书为功。"时至今日，此种激进吁求已不再迫切，但他所言西学著述"今之所译，直九牛之一毛耳"，却仍是事实。世纪之交，面对现代化的宏业，有选择地译介国外学术著作，更是学界和出版界不可推诿的任务。基于这一认识，我们隆重推出《当代学术棱镜译丛》，在林林总总的国外学术书中遴选有价值篇什翻译出版。

王国维直言："中西二学，盛则俱盛，衰则俱衰，风气既开，互相推助。"所言极是！今日之中国已迥异于一个世纪以前，文化间交往日趋频繁，"风气既开"无须赘言，中外学术"互相推助"更是不争的事实。当今世界，知识更新愈加迅猛，文化交往愈深广。全球化和本土化两极互动，构成了这个时代的文化动脉。一方面，经济的全球化加速了文化上的交往互动；另一方面，文化的民族自觉日益高涨。于是，学术的本土化迫在眉睫。虽说"学问之事，本无中西"（王国维语），但"我们"与"他者"的身份及其知识政治却不容回避。但学术的本土化绝非闭关自守，不但知己，亦要知彼。这套丛书的立意正在这里。

"棱镜"本是物理学上的术语，意指复合光透过"棱镜"便分解成光谱。丛书所以取名《当代学术棱镜译丛》，意在透过所选篇什，折射出国外知识界的历史面貌和当代进展，并反映出选编者的理解和匠心，进而实现"他山之石，可以攻玉"的目标。

本丛书所选书目大抵有两个中心：其一，选目集中在国外学术界新近的发展，尽力揭橥域外学术20世纪90年代以来的最新趋向和热点问题；其二，不忘拾遗补阙，将一些重要的尚未译成中文的国外学术著述囊括其内。

众人拾柴火焰高。译介学术是一项崇高而又艰苦的事业，我们真诚地希望更多有识之士参与这项事业，使之为中国的现代化和学术本土化做出贡献。

丛书编委会

2000 年秋于南京大学

有关此版本的注意事项

　　《论技术物的存在模式》于 1958 年，作为马夏尔·戈胡（Martial Guéroult）和朱尔·维耶曼（Jules Vuillemin）编辑的"分析与原因"系列的书目，由 Aubier-Montaigne 出版社首次出版。这一新版本，是根据吉尔贝·西蒙东在第一版校对稿上所作的注释而作出的更正，其中最重要的添加内容均有注释。另一方面，这一版本也增加了概要，这是作者在此书出版时所写的未出版的介绍性文字。新版本不得不放弃原来的编页，为此我们在目录中加入了与之前版本相对应的页码。星号标志对应于技术词汇。

娜塔莉·西蒙东

我感谢我以前的老师安德烈·伯纳德(André Bernard)，让·拉克鲁瓦(Jean Lacroix)，乔治·古斯多夫(Georges Gusdorf)和让·特·德桑蒂(Jean-T. Desanti)。

我向我的前同事安德烈·多桑(André Doazan)和米克尔·杜弗雷纳(Mikel Dufrenne)表示谢意，当我在巴黎答辩时他们为我提供了帮助。

我特别感谢杜弗雷纳先生一再给予我的鼓励和建议，以及在我编辑这一研究期间所表现的积极同情。

康吉莱姆(Canguilhem)先生乐意让我从科学史研究所的图书馆里阅取文件，并借给我他私人收藏的稀有的德文著作。此外，康吉莱姆先生的意见也帮助我找到了这项研究的最终形式。第三部分主要归功于他的建议。我想公开对这种慷慨表示感激。

目　录

第三部分
技术性的本质

导　论

　　这个研究的目的是要有意识地理解技术物的意义。文化被建构成为对抗技术的系统；而且，这种对抗也表现为人类对技术的抵抗，因为它以为技术物并不包含任何人类现实。我们想要展示的是，文化忽视了技术现实中所包含的人类现实，而如果文化想要扮演它完整的角色，它必须以知识以及价值的形式来将技术物整合进它内里。要对技术物的存在模式有有意识的理解，我们必须通过哲学思想来实现它。哲学思想在这个过程中的责任，如同它在废除奴隶以及肯定人的价值中所担当的角色。

　　文化与技术、人与机器的对立不但错误而且没有根据；它只是延续了无知以及怨恨。这种对立将一个包含了人类努力以及自然力量的丰富现实遮掩在简单的人类中心主义背后，这个现实构成了技术物的世界，它们是自然和人类的中介。

　　文化对技术物的态度，便好像一种原始的仇外。它对于机器的厌新守旧以及对外来现实的拒绝有同分量的仇恨。然而，这个外来者仍是人类，完整的文化必须将外来者也当作人类来看待。同理，机器是外来者；这个外来者里面包含着的是人性，就算被轻视、物质化、奴役化，它仍然是人性。当代世界异化的最主要原因是不了解机器，异化并不是由机器引起，而是因为对于它的原理以及本质缺乏理解，以为它在世界中无关紧要,在人类的各种价值以及文化中不占任何位置。

文化失去了平衡,因为它承认某些对象,例如审美物,文化在意义的世界里赋予了它们权利,然而却压抑了其他的对象,特别是技术物,好像它们的世界是缺乏结构的,没有意义,而只有用途、只具备某种功能。面对不完整的文化针对技术物的捍卫性的否认,那些承认技术物以及感知它们的意义的人,想要为它们辩护,在审美物以及神圣物的范围外为它们找到价值。一种无节制的技术主义出现了,它只是一种机器的偶像崇拜,而这种偶像崇拜也成为认同的方法,一种对无条件的权力的技术官僚式的憧憬也产生了。对于力量的欲望将机器尊为至高无上的力量,同时将它变成现代的春药。想要统治自己同胞的人类创造了人形机器人。他在机器人跟前认输,并且授予它以人性。他想要制造可以思考的机器,梦想制造有欲望的机器、活的机器,然后就可以躲在它后面,没有忧虑,也不会有危险,不感到脆弱,间接地靠它取得了胜利。然而,在这种情况下,根据这种想象,机器变成了人的替身:机器人,它失去了内在性,很明显而且无可避免地代表着一种纯粹神秘和想象的存在。

我们想要精确地指出机器人并不存在,它不是机器,就好像雕塑不是活人一样,而只是想象,纯属虚构以及幻想出来的产物。然而,在今天的文化里,"机器"这个概念很大部分地包含了机器人这个神话式的象征。一个有教养的人,当他在谈论画布上的对象以及人物时,不容许自己将这些对象当成真实存在的事物,拥有内在性,拥有好或者坏的意志。但当他在谈论机器的威胁时,就好像这些对象既有灵魂又有分隔的、独立的存在,后者让它们可以产生感情以及企图来对抗人类。

文化对技术物有两种矛盾的态度:一方面,把它们当作纯粹的物质的集合,缺乏意义,只是一种使用。另一方面,它视这些对象为机器人,它们对人类满怀敌意,或者构成一种持续的侵犯以及反动的危险。它认为第一种特征是可取的,于是想杜绝第二种特征,并让机器为人类服务,相信只要将它们简化为奴隶便可以找到有效的途径来防止它们的叛乱。事实上,文化所拥有的这种矛盾来自对于自动化的一种含糊的想法,而当中包含着一种错误的逻辑。机器的崇拜者普遍视机器的完美程度与自动化的程度成正比。他们无视经验并且以为,只要增强以及完善自动化,人们便可以团结以及连结所有的机器,构成一个所有机器的机器。

而事实上,自动化主义(automatisme)的技术完美度相当低。为了要达到自动化,难免要牺牲某些功能,以及某种用途。自动化主义,以及在工业上所谓的自动化,在经济以及社会上的显著性要比在技术上的高。机器真正的完美性,我们可以说是技术性(technicité)程度的提高;它相应的并不是自动性的提高,而是相反,由一种不确定性范围(marge d'indétermination)来界定。这不确定性范围赋予了机器对外来的信息的敏感力。技术组合(ensemble technique)的实现,关键在于机器对信息的敏感性,更甚于自动性的提高。纯自动化的机器,因为功能一早预定,趋于完全封闭,所以只能提供简单的产出。而拥有高技术性的机器,我们可称之为开放机器(machine ouverte),开放机器的组合视人为永恒的操作者,好像机器之间的传话人一样。人远非奴隶的监视者,而是技术物社会的永恒组织者,就好像音乐家们和指挥一样。指挥之所以能带领音乐家们,是因为他跟他们一起,一样富有感情地演奏乐曲;他命令他们放慢或加速,但同时也被后者缓和或催促。事实上通过他,整个乐团的音乐家彼此之间协调,他对于每个音乐家来说是乐队存在的运动以及现实的形式;他是所有人之间的沟通者。所以,人是环绕着他的机器的永恒协调者以及发明者。他存在于跟他合作的机器之间。

人在机器之间的存在是一种持续的发明。处于机器之间的是人类的现实,根据前者功能的结构而发展以及结晶的人类姿势。这些结构在操作的过程中需要支架,而最高的完美度与最大的开放度,与功能的最大自由度重合。现代的计算器并不是纯自动机;它们是技术性的存在,除了加法的自动化[或者由二位置继电器(basculeurs)＊做决定],

还拥有线路整流的大量可能性,后者容许通过限制它的不确定性范围来编排机器的功能。有赖于基本的不确定性范围,这个机器可以计算三次根,或者翻译由词和短语构成的简单文章。

通过不确定性范围,而不是自动化,机器可以被逻辑性地组合,通过人作为协调者来进行机器之间信息的交换。甚至当信息的交流是直接在机器间进行时(就好像振荡器之间由脉冲来同步化一样),也需要人的参与来调整不确定性范围,来优化信息的交换。

然而,我们可以自问,有什么人可以了解技术现实,并将其引介到文化里?对于那些因为工作而要整天面对某一特定机器以及重复同一姿势的人来说,这是很难的;使用的关系并不一定能带来这种了解,因为他刻板式的、习惯的重复模糊了对结构的认知以及对功能的理解。对拥有机器或者资产的企业管理人士来说,在了解这一点上并不比工人好多少:他们只生产了对于机器的抽象观点,例如价钱以及功效,而不关心机器内里的东西。而科学知识,通常只看到了机器操作的理论法则,而不关心它技术的层面。能有这种了解的可能是工程师,他就好像是机器的社会学家以及心理学家一样,生活在由他负责以及发明的这些技术存在之间。

对于技术现实意义的真正了解对应着一种技术开放的多样性。这是绝对的,因为一个技术组合就算规模不大,它所包含的机器的操作策略也对应着非常不同的科学领域。技术的专门化,也关系着技术物外部的东西(公共关系、商业形式),而不只是在技术物内部的功能图式(schèmes de fonctionnement);是技术外部所限定的专门化,造成了那些有教养的人对于技术人员的偏见,并且觉得自己很不同:这涉及的是一种意图、目的的狭窄性,而不是信息或者技术自觉自身的狭窄性。在我们今天,机器很少不是机械的、热力的或电动的。

如果要再次赋予文化它所丢失的真正普遍的特征,我们必须让它再次获得对于机器的理解,包括机器之间的相互关系、机器与人之间的关系，以及这些关系的价值。要获得这种了解，我们除了需要心理学家、社会学家，还需要技术学家（technologue）或者机械学家（mécanologue）。另外，因果和调节的基本图式（它们构成科技的基本公理），必须成为普遍性教学，就好像文艺科目一样。技术基础知识的教育必须跟科学教育处于同一平面；它跟艺术实践一样不会引起大众的兴趣，在实践应用上跟理论物理一样重要；它可以达到同样程度的抽象化与象征化。一个小孩必须了解自我调节或者正反馈是什么，就好像他熟悉数学公理一样。

这种文化的改革，来自扩大，而不是毁灭；它可以重新赋予文化所丢失的真正的调节力量。文化在涵义、表达方式、证明以及形式的基础上建立，并且经由它们获得了调节性的沟通；文化来自群体的生活，它通过建立规范与模式（schème），维持了那些确保操控功能的人的姿势。然而，在技术的大发展之前，文化以模式、象征、质量、类比的方式，吸收了主要的技术，生活的体验由此而生。相反，当前的文化，是古老的文化将几百年前的手工以及农业技术作为动态的图式（schèmes dynamiques）吸收起来。

这些图式作为群体及其首领的中介，因为与技术的不协调，而造成了一种根本性的扭曲。权力变成了文学、意见，对于真实性以及修辞的辩护。主导性的功能都是错误的，因为被治理的现实以及治理者之间的关系不再有足够规约（code）：被治理的现实包含了人和机器；规约只是基于工作者对工具的体验，这种体验脆弱而且朦胧，因为那些拥护这规约的，不会像辛辛纳图斯（Cincinnatus）一样可以松开手上的犁（译注：离开农庄保卫罗马）。象征衰退为简单的短语，真实缺席。在被治理的真实的组合以及权威的功能之间，一种循环性的因果关系无法建立：信息（information）毫无作用，因为旧的规约已变得不适合于它应该传达的信息。人与机器之间实时的以及关于存在的信息的表达，必须将机器的操作模式及其所蕴含的价值考虑在内。文化必须重新变成普遍或一般（générale），当前它因为过于专门化而导致贫瘠。文化的这种延伸,消除了异化的其中一个主要的源头,重新建立了可调节的信息,它拥有一种政治以及社会的价值:它让人根据他周遭的现实去思考自身的存在以及处境。文化的扩大以及深化的工作同时也是哲学性的,因为它批判某些神话以及刻板印象,例如为懒惰的人类服务的机器人,或者完美的自动机。

为了达到这种了解,我们可以尝试在技术物内里来定义它,论证它不只是纯粹的工具,例如理解技术物怎样通过具体化(concrétisation)以及功能的复因决定(surdétermination)过程,来获得了进化的稳定。这种生成(genèse)的模态容许理解技术物的三种层次,以及它们非辩证的时间性协调:元素(élément)、个体(individu)、组合(ensemble)。

当我们将技术物定义为生成过程,那么我们就可能研究技术物以及其他现实之间的关系,特别是成人和儿童的关系。

最后,作为价值判断的对象,根据元素、个体以及组合等不同的层面,技术物可以代表非常不同的态度。在元素的层面,它的完美化不会导致混乱,也不会因不习惯而产生焦虑:这是 18 世纪乐观主义的气氛,引进了持续以及无定限的进步,为人类带来了持续的优化。相反的是,技术个体在一段时间内成为人类的对手和竞争者。因为在使用工具的时代,人类以自己为中心建立了技术的个体性;然而现在,机器取代了人的位置,它才是真正的工具携带者,而人所完成的只是机器的一个功能。与这一阶段相对应的是一个戏剧化以及充满激情的进步概念,它变成了自然的施暴者、世界的征服者、能量的摄取者。这种权力意志表达在热力学时期的技术主义者以及技术官僚那里的失控,是预言性以及灾难性的。最后,在 20 世纪的技术组合层面,热力学的能量主义(énergétisme)被信息理论取代,其中规范性的内容(contenu normatif)是完全可以被调节以及稳定的:技术的发展看起来就像稳定性的保证。机器,好像技术组合中的元素一样,可以扩大信息的数量,增加负熵,与能量的衰退相逆:机器、组织、信息的工作,如同生命,它们跟生命一起,与失序对立,与倾向于剥夺宇宙变化能力的平均化对立。人类通过机器来对抗宇宙的死亡;好像生命一样,机器延缓了能量的衰退,成为世界的稳定剂。

　　这个对于技术物的哲学视角的改变意味着将技术存在引进文化的可能性:这个整合,既不能在元素的层面也不能在个体的层面进行,只有在组合的层面上才可能获得更高的稳定性;变成可调节的技术现实可以被整合到文化里,后者的本质也是可调节的。当技术性停留在元素时,这个整合只能通过增添的方式进行;而当技术性到达新的技术个体时,它可以通过破坏以及进化来进行;今天,技术性更体现在组合上,技术性可以成为文化的基础,通过协调文化及其所表达和支配的现实,为文化带来一种统一以及稳定的力量。

第一部分

技术物的发生与进化

第一章　技术物的发生论:具体化的过程

一、抽象技术物和具体技术物

所有的技术物都有一种发生论(genèse),但很难定义每种技术物的生成,因为在生成过程中,技术物的个体性都在变化。我们只能勉强地根据它们所属的种类来定义它们。种类比较容易分辨,例如我们可以根据不同的用途来分,这也意味着我们要接受用途是定义技术物的方式。然而,这种特殊性是虚假的,因为没有任何固定的结构是相应于一种明确的用途。不同功能以及结构也可以产生同样的结果,譬如说蒸汽机、汽油机、涡轮机、发条机的引擎都有相似功用。然而,发条机和引擎之间的相似性比起它跟蒸汽机的还要更高;钟摆跟绞盘相似,而电动钟则跟电铃或振子相似。用途将相异的结构和功能结合在一起来分为属和种,后者显示了这种功能和另一种功能(也就是人在行动中的功能)的关系的意义。所以,就算我们将它们都称为引擎,它们同时属于不同的种类,而且个体性也会随时间而变化。

然而,我们将不从技术物的个体性,或者甚至其特性(它非常不稳定)出发来定义其框架内的发生论的定律,而是将反过来:从发生论的原则出发来定义技术物的个体性和特殊性,个别的技术物不是这个或那个东西,不是出现在此时此地的(hic et nunc)东西,而是生成。① 技术物的一体性(unité)、个体性、特殊性,都是它生成的稳定的以及聚合的特征。技术物并不先于它的生成(devenir),而是呈现于这种生成的每一步骤;技术物是生成的一体性。汽油发动机并不是无故出现的引擎,而是有一个族谱、一个连续性,它从第一个引擎开始一直发展到我们现在所认识的,而且将继续进化。这样说,就好像是系统发生(phylogénétique)一样,进化阶段中包含着一些动态的结构和图式,它们都遵从形式进化的定律。技术存在根据聚合和适应来进化;它依从内在共鸣(résonance interne)的定律来进行内部统一。我们不能说今天的汽车引擎是 1910 年的引擎的后裔,因为它是我们的祖先所造的引擎的后裔;或者因为它比起 1910 年的在功能上更完善,其实针对某些用途来说,1910 年的引擎比起 1956 年的更先进。譬如说,它可以容许一定的过热,而不导致卡死或者耗损,因为它的结构中有很重要的游隙,而且没有好像白铜一样的脆弱的合金;它利用电磁机来点燃,比起1956 年的引擎更独立。一些旧的汽车引擎转移到渔船之后不但运作正常而且没有什么故障。我们要将 1956 的引擎定义为 1910 之后,需要通过内部检验它的因果系统(régimes de causalité)以及形式,因为形式要适应于这些因果系统。在今天使用的引擎里,每个重要的零件都是通过能量的相互交换连接在一起,它有固定的位置和功能。燃烧室的形式,阀门的形式与尺寸,栓塞的形式等都属于同一系统,里面存在着多样的相互因果。这些组件的形式相应于某压缩率,后者在发动之

---

① 根据一些特定的方法,我将技术物的起源与其他类型的物(审美物,有机物)区别开来。我们也必须将这些特定的生成/进化方式与在生成后通过考虑各种对象的特征而建立的静态分类方法区分开来。发生论方法的目的恰恰是要避免使用分类的方法来将物分为属和种。技术物过去的发展对于其在技术性形式的存在中是至关重要的。技术物是技术性[我们称之为超越逻辑(analectique)的方法]的承载者,只有当后者掌握了其发展的时间意义时,它才能成为充分的知识的对象。这种充分的知识是技术文化,不同于技术知识,后者仅限于掌握孤立的功能模式。一个技术物与另一技术物的关系既是水平也是垂直,通过属和种分类的知识是不够的:我们将尝试指出技术物之间的关系在什么意义上是转导(transductive)性的。

前需要先决的度数；汽缸盖的形式以及金属材料，与循环中的其他零件一起，产生了可以点燃的温度；相应的，这个温度作用在点燃器以及整个循环中。我们可以说今天的引擎是一个具体的引擎，而之前的是抽象的。在旧引擎里面，每个零件在循环中有一个特定的使命，之后它就停止，不再作用在其他零件上；引擎的零件就像是工人一样，每个人都有特定的工作，但他们之间并不互相认识。

我们在课堂上讲解的热力引擎的功能也是同样的，每个零件都是与其他零件分隔开的，就好像黑板上所画的一样，**各部分彼此独立**。旧引擎的构成是根据每个零件完整而且独一无二的功能之间逻辑性的组合。每个零件的完善度视乎它是否能完全地实现它的功能。两个零件之间能量的持续交换，如果其功能与理论不吻合的话，看起来就像是不完整的；而技术物有一种基本的形式——**抽象的形式**，当中每个理论以及物质的单位都被视为一种绝对，它需要一种相应于其功能的内在的完美性，来构成一个封闭的系统；组合的整合在这个情况下给出了需要解决的难题，虽然说是技术问题，但其实是不同组合之间的兼容性。

虽然这些组合之间相互影响，但它们都需要被保养。在每个构成的单位中，我们找到一些特别的结构，可以称之为防御结构：热力引擎的内燃汽缸盖密立着冷却的叶片，特别是在阀门的位置，来防御强热以及高压。在之前的引擎，这些冷却叶片都是从外部加到汽缸和圆柱形的汽缸盖的；它们只有单一的功能：冷却。在最近的引擎里，这些叶片有另一个功能，好像肋骨一样抵抗由气压造成的汽缸盖变形；在这些条件下，我们不能再分开容积上的（汽缸、汽缸盖）整体性和热力消耗的整体性。如果我们锯掉或者磨掉汽缸盖的空气冷却叶片，作为容积整体的汽缸将不足以发挥作用，而且会因为气压而变形。容积和机械的整体性和散热的整体性共存，因为组合的结构是有双重意义的：与依靠外部空气的散热网相比，叶片通过热力交换构成了冷却的表面。这些同样的叶片，作为汽缸的一部分以不变形的轮廓限制了燃烧室，它所用的金属比起一个非脉状的外壳要少；这个结构的发展不是一个妥协，而是一种相伴或者聚合：一个脉状的汽缸可能比起一个具同样硬度但平滑的汽缸的体积更小。然而，进一步说，一个体积小的汽缸盖比起一个厚的汽缸盖，更能容许有效的热力交换；叶片-脉状的双重结构能提高散热的能力，不只是因为它增加了热力交换的表面（这是叶片的性质），而且能缩小汽缸盖的体积（这是脉状的功效）。

技术难题在于各种不同的功能如何在一个结构里聚合，怎样妥协互相抵触的限制。如果在上述例子中，结构的双重性造成抵触的话，那只是因为脉状虽然可能达到最高的硬度，但当机器在运作时，它不一定能有效地促进空气在叶片间的流动来提供最好的降温效能。在这个情况下，设计者可能必须动用一个混合但不完整的搭配：如果这些叶片-脉状要提供最好的降温效能，需要比只是脉状的设计更厚更硬。如果相反，问题在于要获得更高的硬度，它们则需要更多的表面积来补偿因为空气流动放慢造成的散热缓慢。最后，叶片这种结构仍然能够作为两种形式的妥协，如果要在两种功能之中择一完善，它则需要更多的发展。这种功能发展的分歧仍是技术物的抽象化的残余产品，而正是多个结构的功能之间的边缘逐步缩小，定义了技术物的发展。这个聚合解释了技术物的特殊性，因为在一个既定的时代，操作系统不会有无限的多样性；技术品种的数目比起技术物用途的可能性要少；人类的需求的差异化可以是无限的，但是技术品种聚合的方向却是有限的。

技术物的存在就好像是由一系列的汇合得出来的特殊的种类。这系列将由抽象走到具体：它让技术存在变成一个完全一致化、一体化的系统。

二、技术物发展的条件

在技术结构的进化中出现的聚合到底出于什么原因（raisons）？它无疑需要一些外在的因果，特别是产出零件以及代换品的标准化。尽管如此,这些外因比起要适应无限的需求而造成种类倍增的那些外因并没有更强,或更有力。如果技术物的进化朝着有限的类型,那是因为有一种内在的必然性,而不是经济影响或者实践需求的结果;并不是流水作业促成了标准化,而是标准化容许流水作业的存在。要从工匠制作到工业生产的过渡中,发现技术物的特殊种类的形成原因,其实是将条件当成结果。稳定的品种的形成促成了生产的工业化。工匠所对应的是技术物进化的原始状态,也就是说处于抽象的状态;工业对应的是具体的状态。我们在工匠的作品中找到的**因材而异的**(sur mesures)特征是非本质的;它来自抽象技术物本质性的特征,建立在分析性的组织之上,开放给新的可能,而这些可能都是内在偶然的外在呈现。在技术工作的一致性以及使用需求系统的一致性的对立中,是使用的一致性占了上风,因为因材而异的技术物事实上是一种没有内在衡量标准的(sans mesure intrinsèque)物;它们的标准来自外部:它还没有实现内在的一致性;它不是一个必然的系统;它对应于一个开放的需求系统。

相反,在工业层面上,物获得了一致性(cohérence),而需求的系统比物的系统更缺一致性;需求因工业技术物而异,它也因此获得了调节文明的力量。使用成为对技术物的组合性裁剪。当一个人幻想要一辆量身定做的汽车时,设计者能想到的最好办法就是在不同的系列中选择引擎、底盘,然后外在地改动一些特征,例如将一些装饰的元素加到汽车(本质的技术物)之上:这些都是非本质的元素,它可以是量身定做的,因为这些都是偶然的。

这些非本质的元素以及技术品种的本质之间的关系是负面的:当汽车越需要满足使用者的重要需求,它的必要特征就越因为外在的因素而受损;车的外壳因为装饰品而变重,形式不再只是相应于更佳的空气流动。量身定做的特征不只是非必要的,它甚至跟技术存在的本质抵触,就好像我们在外面添加的死物。汽车的重心升高,重量也增加了。

然而,这不足以肯定技术物的进化是由一个分析秩序进化到一个综合秩序,这个进化同时是由工匠制作到工业生产的过渡:就算这个进化是必要的,它也不是自动的,我们要找到这个进化过程的原因。这些原因主要来自抽象技术物的非完美性。因为有分析性的特征,对象需要更多的物料以及更多的劳动;逻辑上简单,技术上却更复杂,因为它是由多个完整的系统拼凑而成。比起具体的技术物,它相对脆弱,因为每个系统的相对孤立构成了功能的次组合(sous-ensemble),而当该系统不再作用的情况下,威胁了其他系统的保存。所以,在一个内燃的引擎里,降温可能由一个完全独立的次组合来实现;如果这个次组合停止运作,引擎会损坏;但如果反过来,当冷却作用是来自组合内功能的集体效果的话,功能意味着冷却。从这个意义上来说,用空气降温的引擎比起用水来冷却的引擎更具体:红外热辐射和对流是不得不发生的作用;它们在操作上是必需的。水冷却是半具体的:如果完全通过热虹吸*进行,则几乎与直接空气冷却一样实用;但是使用水泵通过传动带从发动机接收能量,则增加了这种冷却的抽象度。我们可以说,作为安全系统用水冷却是具体的(如果缺乏从引擎到泵之间的传送,水的存在容许冷却在几分钟内完成,因为水通过蒸发带走了热)。然而,在正常的操作情况下,这个系统是抽象的;一个抽象的成分仍然存在,也就是说当冷却系统缺水的时候。同样,用脉冲变压器以及储压器的电池来发动比起用磁电机*更抽象,而后者比起柴油机用空气压缩然后投入燃料来发动更抽象。我们可以说,在这个意义上,用磁轮以及空气冷却的引擎比起惯用的汽车引擎更具体;所有的部分都扮演多种角色;如果说小摩托车(scooter)是航空专业的工程师的结晶一点也不出奇;汽车可以保留抽象的残余(用水冷却,用电池以及脉冲变压器来发动),航空业必须生产出最具体的技术物,以增强功能的安全性以及减少不必要的重量。

事实上存在着经济束缚的聚合(减少原料、劳工,以及使用中的能量的消耗)以及技术的需求:技术物不应该出现自毁,它必须耐用并且保持稳定。就经济和技术两种因素来看,看起来是后者在技术进化过程中占主导位置。事实上,经济因素存在于所有的领域;然而在一些进步最快的领域,例如航空、军事,技术条件相较于经济条件占上风;经济因素并不是纯粹的。它们的干预背后有着众多交错的动机以及偏好,但这些同时削弱或者扭转它们(奢侈品、贪新、商业广告),更复杂的是,在一些领域当中,技术物之所以广为人知是由于社会神话或者大众意见,而不是它本身的性质。因此,一些汽车制造商将自动化让步给附属品,或者就算司机自身力所能及的事也要系统性地交给助力系统,来表现完美度:有些甚至为了好卖以及证明车的优越,将一些直接的功能给压抑了,就好像手柄的启动机制,通过蓄电池的电能的应用来使操作更具分析性。技术上来说有复杂的地方,然而制造商却将这种压抑表达为一种简化来显示车很时髦,同时消灭过去启动困难的刻板印象。同样可笑的事情也出现在另一些保留手柄的汽车上,因为它们的样子看起来很过时。汽车是充满心理和社会推理的技术物,与技术进步并非一致:汽车的进化来自它的姐妹行业,例如航空、海运以及货运。

技术物的进化并不是绝对连续的(如果不是完全断续的话)。它在不同的阶段完善了系统的一致性。这些阶段意味着结构性的重组,以及持续的进化。这是由于使用经验所带来的细节的完善化,以及原料或者与其相关的更具适应性的装置的生产。所以,三十年之间,通过应用更佳的金属,提高汽车碳氢燃料压缩率,以及针对汽缸盖、活塞头和爆炸现象＊的设计的研究,汽车引擎得到了不少改善。要制造燃爆而又避免爆炸的问题,无法通过对碳化混合物里爆炸波在不同温度、不同容积和燃烧点的扩散的科学研究得到解决。然而这种努力并不直接导致应用:实验性的研究仍有待完成,相应于完善过程的是一种技术性。这些结构的重整容许技术物的专门化构成了在其生成过程中的必要成分。就算科学在一定时间内没有进展,技术物专门化的进程也不会停止。这种进步定律是技术物在功能以及在使用的回馈中的自我因果以及自我条件化。由各子集合(sous-ensembles)的组织的抽象运作构成的技术物,正是各相互因果关系的剧场。

在使用条件的限制下,这些关系让技术物在它自身的功能内部找到了障碍:**在这些不兼容性中,子集合构成的系统累积的饱和(saturation)导致了不兼容性(incompatibilités)的出现,也正是因为如此,对于这些限制的跨越构成了一种进步**。[①] 然而,也因为如此,这些跨越只能由跳跃来完成,通过功能的内在划分的修改,系统的重新安排;障碍必须成为目标实现的路途。这正是电子管进化的例子,其中最典型的是真空管。三极管功能内部的障碍促成了结构的改善,从而出现了一系列的真空管。三极管最令人烦恼的一个现象是阳极和栅栏之间出现的电容。这种电容造成了两个电极之间的耦合,而如果要加强电压则可能会导致振荡(auto-oscillation)。这种不可避免的内部耦合必须通过外部安装方法来补偿,尤其是通过中和电路(neutrodynage),后者是通过使用对称的灯架和阳极-栅栏交联来实现的。

要解决这个问题而不是绕过它,我们在栅栏和阳极之间加入了一块静电屏蔽;然而,这个添加物带来的好处不只是加入了一块电栅屏这么简单。栅屏不只消除了电极之间的耦合:处于栅栏和阳极之间,它和前两者的电势差让它成为阳极的栅栏,以及栅栏的阳极。它的电势必须高于栅栏但低于阳极;要不然的话,电子就过不了到阳极去了。栅屏作用在栅栏和阳极之间的电子上。它同时是栅栏和阳极;这两个结合在一起的功能并不是刻意获得的;它们是因为技术物的系统特征而产生的副作用。如果栅屏不要干扰三极管的功能,除了静电功能之外,它还要满足移动中的电子。作为一个简单的静电屏蔽,它需要有一种连续性的电压(tension),但这也干扰了三极管的动态性功能。所以它必然地要成为电子流的加速栅栏,并且在动态性功能中扮演重要的角色:当栅栏-阳极之间的位置达到某一确定电压的时候,它会大幅地增加了内在阻力,以及放大率。四极管不再只是一个阳极和栅栏之间没有耦合的三极管;四极管是一个有着巨大斜率(pente)的电子管,相比于三

———————————

① 这些是技术系统个体化的条件。

极管 30 到 50 的放大率,我们可以用它来达到 200 的放大率。

然而这个发现带来了不便:在四极管中,阳极的电子的二级释出 (émission secondaire)造成了障碍。特莱根(Tellegen)在第一个栅屏和 阳极中间加上了一个新的栅屏:这个栅屏的网眼大,相对于阳极和栅 栏,它带着负势能(一般来说是类似于阴极或者比其更高负值的势能), 它并不妨碍从阳极加速到达阴极的电子,但因为它是负极的,所以它也 阻止了二次电子的回返。五极管则是四极管的进一步,它带有一个控 制式的固定势能的栅栏,它完整了功能的动态图式。然而,这种不可逆 性的效能可以用集束的电子流来实现。如果将加速栅屏放置在控制栅 栏的电气阴影中,则二次发射的现象将大大减少。再者,在操作中,栅 屏和阳极的电容量的变化变得相当弱(不是正常的 1.8 pF 而是 0.2 pF), 这实际上消除了在将管用于产生振荡的组件中时的任何频率滑动。如 果我们视栅屏为简单的静电防护屏的话,也就是说像一个持续满布着 电压的围墙,那么我们可以说四极管的功能图式自身并不是完善的。 这样的定义太松散,太开放了。它需要将栅屏的多样功能合并到电子 管,这样来降低施加在栅屏的持续的张力以及它在栅栏和阳极之间的 位置的不确定性范围(marge d'indétermination)。第一个要降低的是,确 定持续性电压必须是栅栏的电压以及阳极的电压之间的中位数。这样 我们就得到了如下的结构,它相对于基本电子的加速是稳定的,然而它 相对于由阳极释放出来的附加电子,则仍然是不确定的(indéterminée)。 这个结构仍然太开放、太抽象。它可以是封闭的,相应于一个必需的以 及稳定的功能,这需要一个附加的结构,要么是一个抑制性的栅极或者 第三个栅栏,要么是更准确地调整栅屏与其他部分之间的距离来配合 控制栅栏的阻力。我们要留意加上第三个栅栏等于对栅屏施加更大程 度的限制:已存在的结构(由它们之间的相互因果所限制)的功能性以 及附加结构的功能性之间存在着可逆性。通过补充性确定来完善现有 结构的相互因果关系系统相当于增加一个具特别功能的新结构。技术 物中存在着功能和结构的可逆性。在其操作范围内,结构系统的多元决定性(surdétermination)在稳定其功能而又不增加新结构的情况下，使技术物变得更具体。定向光束四极管相当于一个五极管；它作为声频功率放大器的功能甚至优于五极管，因为它产生的失真率较低。只有当这种结构具体地结合到动态操作模式组合中时，这种附加的结构才是技术物的真正进步；因此，我们会说有定向光束的四极管比五极管更具体。

人们不应混淆技术物的具体特征的增加与将其结构复杂化而增加的可能性。因此，一个双栏管灯(其允许在阴极-阳极之间彼此独立的两个控制门上的分别作用)并不比三极管更具体。它与三极管的级别相同，并且可以被一对独立三极管所取代，①只需要从外部连接阴极和阳极，并让控制栅栏独立。另一方面，定向光束四极管比李·德·弗雷斯特(Lee de Forest)三极管更为进化，因为它实现了电子流可通过固定或可变电场来调控(modulation)的原始方案的发展和改进。

基本的三极管比起现在的电子管，表现出一种非确定性(indétermination)，因为这些结构性的组件(除了由控制栅栏所制造出来的电子场相对应的调控功能之外)之间的互动都不是一早就被定义好。这些系统内的精确度以及相继的闭合将一些在操作过程中功能以外出现的不规则性**转变成稳定的功能**：为了避免加热以及电子二次放射，需要将栅栏负极化，其中包含着将原始栅极二分为控制栅极和加速栅极的可能性。在具有加速栅极的管中，控制栅极的负偏压可以降低到几伏，在某些情况下为1伏。控制栅极几乎是名副其实：当它的功能更有效，管的斜率也增加更多。当控制栅极接近阴极，相反，第二栅极的屏幕会移离它并保持在距阳极和阴极大约相等的位置。同时，操作变得更加严格，而动态系统就像公理式(axiomatique)的饱和一样关闭。第一个三极管的斜率可以通过阴极的加热电压的电位变化(例如控制电子流

---

① 并不完全是这样的，因为每个栅栏可以完全调控(moduler)，然而在两盏灯的情况下，只能部分调控。

的密度)来调节;这种可能性不再适用于斜率太大的五极管,因为它的特性会因加热电压的大幅度变化而发生剧烈的变化。

不可否认,技术物的演变同时遵循差异化过程(例如在五极管中,三极管的控制门被细分为三个栅栏)以及具体化过程(每个结构单位执行多于一个的功能),这看起来似乎是矛盾的。但实际上这两个过程是相互关联的。差异化之所以是可能的,是因为它容许有意识以及有计算地,将整体功能的相关效应(它们是因为要完善主要功能而姑息地没有被正确纠正)整合到组合的操作中,以达到预期的结果。

从克鲁克斯管到柯立芝管的发程进程中我们也可注意到同类的进化。前者不仅比后者效力差,功能也不太稳定,而且更复杂。实际上,克鲁克斯管利用阴极和阳极之间的电压将单原子气体的分子或原子分解成正离子和电子,然后加速这些电子并向其施加大量动能,以免受到阴极的影响。相反,在柯立芝管中,生产电子的功能与电子的加速功能分离。电子的产生是通过热电子效应进行的(被不正确地称为热离子,因为它通过电离取代了电子的产生),之后再加速。因此,这些功能通过分隔开来而变得纯粹,相对应的结构也变得更加独特和丰富。柯立芝管的热阴极在结构和功能上比克鲁克斯管的冷阴极更丰富。但是,从静电的角度来看,它也是一个完美的阴极。更重要的是,因为它包括一个相当狭窄的局部化的热电子产生点,并且围绕灯丝的阴极表面的形状决定了静电梯度,这容许将电子聚焦成窄束然后投射到阳极(在普通管中为几平方毫米)。相反,克鲁克斯管缺乏类似的产生点来有效地聚焦电子束,从而获得接近理想准时性的 X 射线源。

此外,在克鲁克斯管中存在的可电离的气体不仅造成了不稳定性的缺点(分子会固定在电极上而使管硬化,也需要利用闸来将气体重新引入管中)。气体的存在也带来了一个根本的缺点:在阴极和阳极之间的电场加速过程中,气体分子对已经产生的电子同时也造成了运动障碍。这个缺点提供了一个抽象技术物中功能对立的典型范例:产生加速电子所需的气体同时是其加速的障碍。这种对立在柯立芝管(高真空管)中被消除了,因为协同的功能组别被分配到新定义的结构。通过这种重新分配,每个结构都可以获得更大的功能丰富性和更完美的结构精度;例如阴极,它不是由任何金属制成的简单球形或半球形盖,而是由抛物线形碗状物构成的组合,其中心是产生热电子的灯丝。阳极,在克鲁克斯管中相对于阴极所占据的位置,在几何上与旧的反阴极重合。新的阳极-阴极有两个综合的功能,一方面它产生电势差,另一方面它阻碍了因电势下降而加速的电子,将后者的势能转化为波长短的光能。

这两个功能是协同的,因为只有在电场的势下降之后,电子才获得了最大的动能。因此,在此时此地才可以通过突然停止电子流动来提取最大的电磁能量。最后,新的阳极-阴极对疏导过程中所产生的热量也发挥了作用(由于将电子的动能转换为电磁能的效率很低,约为1%),并且这一新功能完美配合了前述两个功能:在电子束的撞击点,将一块难熔的金属板(例如钨)嵌入形成阳极-阴极的块状斜切铜条中;该金属板上产生的热量通过在外部有冷却翅片的铜条而传到管的外部。

这三种功能具有协同作用,因为铜条的导电特性与其导热特性紧密相关。此外,铜条的斜切部分也有利于目标-障碍功能(对阴极),电子加速功能(阳极)和散热。我们可以说,在这些条件下,柯立芝管是既简化又具体化的克鲁克斯管,其中每个结构都实现了多个但协同的功能。克鲁克斯管的不完美之处在于它的抽象和手工(artisanal)特征,因此需要对功能进行频繁的修正,这是由稀有气体所造成的功能对抗引起的。柯立芝管中去除了这种气体。与电离相对应的模糊结构完全被阴极热电子带来的新特性所取代,该特性具有完美的整齐度及可调节性。

因此,这两个例子表明了功能的分化和同一结构上多个功能的凝聚其实是一币两面,因为相互因果关系,系统内结构的分化消除了(通过将它们整合到功能中)曾经是障碍的副作用。每个结构的专门化是积极的协同功能一体性的专门化,摆脱了抑制这种功能的副作用。通过将功能内部重新分配到兼容的一体性中,取代之前分配所造成的偶性或对立,使技术目标得以实现。专门化不是**按功能**而是**按协同作用**进行的;构成技术物的真正子集合是功能的协同作用,而不是单个功能。正是因为寻求协同作用,技术物的具体化可以是简化。具体的技术物不再与自身作对,它不再有会损害其整体功能的副作用或不会将其排除在外。因此我们可以说,在已具体化的技术物中,可以通过协同关联的多个结构来实现一个功能,而在原始技术物和抽象技术物中,每个结构都负责实现某种特定的功能,并且通常只有一个。技术物具体化的本质是总功能中功能子集的组织。根据这个原理,我们可以理解在什么意义上功能的重新分布在抽象技术物和具体技术物的不同结构的网络中进行:每个结构都履行着几个功能,然而在抽象的技术物中,它仅履行整体操作中的一项基本的功能。在具体的技术目标中,结构完成的所有功能都是积极的,必不可少的,并已整合到整体功能中;原本抽象技术物中被消除或减弱的功能的边缘性活动,反而成为具体技术物正面和积极的发展;之前不相关或有害的地方反而成为功能的环节。

这进展假定每个结构都受到与其功能所有组件相对应的特征构造(constructeur)的有意识影响,仿佛人造物与物理系统(包括能量交换,物理和化学转化)没有任何不同。在具体的技术物中,每个部分不再仅仅具有与特征构造所需功能完善相对应的本质,而且是整个系统的部分,其中包括了不同的力量,而且产生在设计意图之外的效果。具体的技术物是一种物理化学系统,该系统跟随科学定律相互作用。技术意向(intention technique)的目的只有在符合普遍科学知识的情况下,才能在技术物的构造中达到完美。应该明确的是,这种知识必须是一般的(或普遍的),因为技术物属于满足人类需求的人工物这一事实并不影响作用在技术物内部或者其与外部世界之间的物理-化学活动。技术物与物理化学系统之间的差异仅在于科学的不完善。作为预测技系统中相互影响的普遍性的科学知识仍然具有某些缺陷。它们无法完全精确地预测所有影响。这就是为什么对应于已定义目的的技术系统与实现此目的的相互作用的因果科学知识系统之间仍存在一定距离。技术物永远无法完全被理解；因此，除了非常偶然的情况之外，它也不会是完全具体的。只有完全掌握了技术物中可能存在的所有现象的科学知识，才能对结构进行功能的最终分配和精确的计算。然而因为这是不可能的，所以技术物的设计方案（包括使用目的的表示）与它所处的现象的科学描述（仅包括有效、相互的因果的关系模式）之间仍然存在一定差异。

缩小技术与科学之间的差距是技术物具体化的条件。原始手工阶段的特征是科学与技术之间的相关性低，而工业阶段的特征是高度相关性。当一个特定的技术物变得具体时，它的构造就变成工业的，这意味着该技术物的构造意向和科学观点几乎吻合。这就解释了一个事实，即某些技术物可能早于其他投入工业生产。绞车、起重机、滑轮组、液压机是在大多数情况下可以忽略摩擦、电化、电动感应、热和化学交换现象的技术物，因为它们不会导致技术物的损坏或故障。经典力学容许我们科学地理解这些被称为简单机器功能的主要现象；相对地，17世纪的工业不可能制造出离心式气泵或热力发动机。第一台工业制造的热力发动机——纽康门的热力发动机仅使用负压，因为冷却作用下蒸汽凝结的现象在科学上是已知的。同理，静电机器几乎一直保持手工制作，直到今天，因为通过电介质产生和传输电荷，然后通过电晕效应使这些电荷流动，这种现象至少要到18世纪才有认识，但一直都不是非常严肃的科学研究主题。甚至在维姆胡斯特发电机之后的范德格拉夫（Van de Graaf）发电机，也保留了手工的东西，尽管它具有较大的尺寸和较高的功率。

三、技术进步的节奏;持续和轻微的改善,
不连续和重大的改善

　　因此,正是功能协同作用的发现象征了技术物发展的进程。然后要提问的是,这种发展是突然而来的还是一个持续的过程。作为操作中涉及的结构重组,它是突然的,但它也可能包括几个连续的阶段;因此,在弗莱明(Fleming)发现加热金属产生电子之前,就不可能出现柯立芝管。但是带有静电阳极-阴极的柯立芝管不一定是产生 X 射线或伽马射线的最新版本。人们可以针对某种特定的用途对其进行改进。例如,一项重要的改进就是使得 X 射线的源头更接近理想的几何点,这包括在管中将呈块状平板的阳极安装在轴上:该平板的移动可以由放置在管外部的传感器产生的磁场控制,如同电枢的转子一样。电子的撞击区域在铜板边缘附近变成一条循环线,因此提供了巨大的散热可能性。但是,从静态和几何的角度来看,发生撞击的位置相对于阴极和射线管是固定的:因此,X 射线束来自几何固定焦点,即使反阴极正在高速穿过这个固定点。在这个固定点,旋转的阳极管可以在不增加冲击区域尺寸的情况下增加功率,或者在不降低功率的情况下减小冲击区域的尺寸。然而,这种旋转阳极的功能与固定阳极的电子加速和中止功能一样完美。它更好地实现了散热功能,从而改善了既定功率下灯管的光学特性。

　　那么,我们是否应该理解旋转阳极的发明为柯立芝管带来结构上的具体化?——不,因为它主要起到减少不利因素的作用,这种不利因素不能转化为整个组合功能的积极方面。柯立芝管的缺点是,对立性在操作中仍然残留着,这表现为其将动能转化为电磁辐射的效率很低。毫无疑问,这种糟糕的表现并不构成功能之间的直接对抗,而它实际上仍是一种对立。如果钨板和铜棒的熔点可以无限提高,我们可以很快

地聚集非常强的电子束。但实际上,由于我们很快就达到了钨的熔点,而且因为效率低,它会散发出大量的热,因此我们不得已要牺牲光束的细度,电子的密度或者速度,这同时意味着牺牲 X 射线源的准时性,辐射的电磁能量或所获得的 X 射线的穿透性。如果我们能找到一种方法来提高在阳极上所进行的能量转换的效率,我们将可以改善柯立芝管的所有特性,消除或减少在这操作中最显著的对立。(因为电子彼此排斥,电子束不能被精确地集中,而导致的这种对抗作用相对较弱,人们可以通过集中装置对其进行补偿,例如阴极射线示波器或电子显微镜的静电或电磁透镜)。旋转阳极可以减少在精细度和功率之间、在光学特性和电子特性之间产生的对抗后果。

因此,有两种类型的改进:修改功能分布,从根本上增强功能协同作用的改进;以及不修改此分布但减少对抗作用所造成的影响。在发动机中使用更规则的润滑系统,自润滑轴承,更耐久的金属或更坚固的组件都是在这方面的小改进。因此,在电子管中,发现某些氧化物或金属(例如钍)的高发射率使人们有可能制造出氧化物阴极,该阴极能在较低的温度下工作,并且相对于相同密度的电子流吸收较少的热能。然而尽管这种改进在实践中很重要,但由于氧化物涂层的相对易碎性,它仍然是小改进,只适应于某些类型的电子管。大功率柯立芝管的旋转阳极仍然只是一个小改进。它取代了一项重大改进,其中包括高效能量转换的发现,容许将用于加速电子的功率降低到几百瓦,而在 X 射线管中它其实有几千瓦。

从这个意义上讲,我们可以说,小的改进会损害重大的改进,因为小修小补掩盖了技术物的真正缺陷,对真正的对抗性来说,这些补偿是非必要的技巧,而且不能完整地整合到整体功能中。抽象性的危险在这些小改进中再次显现出来。因此,通过铜杆和散热片进行静态冷却的管比起带有旋转阳极的柯立芝管更具体。如果由于某种原因,在管子的操作过程中,阳极的旋转停止了,则接收到集中电子束的阳极的点几乎瞬间进入熔化状态,整个管子就会损坏。因此,该操作需要一种新的修正,即安全系统通过另一操作来间接地调节此一操作。在上述的分析中,只有在阳极已经旋转的情况下,阳极电压发生器才能运行。继电器使提供阳极电压的变压器的电流从属于阳极电动机的电感器的电流。但是这种从属关系并不能完全减小旋转阳极装置引入的分析距离。例如,由于轴的损坏,在阳极不旋转的情况下,电流仍会流过电感器。即使电感器未通电,继电器也可保持通电。

极端复杂化和完善的附加安全或补偿系统,虽然能达到相似的效果,但并没有达到具体化甚至不为其做准备,因为它所采取的途径不是具体化的途径。较小的改进是绕道,虽然在某些情况下有实际使用价值,但几乎不会促使技术物的进化。它将每个技术物真正的设计隐藏在大量复杂的权宜处理之下。这些微小的改进使人们对技术物的持续发展产生了错误的认识,从而降低了必要转变的价值和紧迫感。因此,虽然商业上以这种虚假的更新来表现技术物的进步,然而持续不断的细微改进不会带来任何明显的转型。这些细微的改进可能如此不显眼,以至于被叠加在日常物品上的时尚形式的周期性节奏所掩盖。

因此,仅说技术物是从抽象到具体是不够的。还应注意,此过程包括了必要的、不连续的改进,以导致技术物的内部设计的改进是飞跃式而不是沿着连续的路线。这并不意味着技术物的发展是随机的,无法预见的;相反,较小的改进是在一定程度上随机进行的,因为不协调的扩散而使重要技术物的纯粹路线过度负荷。技术物的真正改进是通过突变实现的,然而这些突变是有方向的:克鲁克斯管中包含柯立芝管,因为克鲁克斯管中通过进行净化来组织和稳定的意图一早已以一种既混乱又真实的状态存在于柯立芝管。许多废弃的技术物是未完成的发明,它们仍然是开放的虚拟性,并且可以根据其深刻的意图和技术实质在另一个领域中加以采用和扩展。

四、技术进化的绝对起源

像任何进化一样,技术物的进化也带来了绝对起源的问题:我们可以追溯某特定技术现实的诞生到哪个时间点呢?在五极管和四极管之前,有李·德·弗雷斯特的三极管。在李·德·弗雷斯特的三极管之前有二极管。但是二极管之前有什么?二极管是绝对原点吗?不全然,当然在此之前,热电子发射还是未知的,但长久以来人们就知道电场在空气中传输电荷的现象:我们认识电解已经有一个世纪了,而气体的电离也有几十年了。作为技术图式,对于二极管来说,热电子发射是必需的,而如果电荷传输具有可逆性,则不可能有二极管。这种可逆性在正常条件下不存在,因为其中一个电极是热的,因此是可发射的,而另一个电极是冷的,因此是非发射的。使二极管本质上成为一个二极管(双向阀)的原因是,热电极几乎可以是阴极或阳极,而冷电极只能是阳极,因为它不可以发射电子。如果它是正的,它只能吸引电子;即使相对于另一个电极是负的,它也不能发射。这意味着,如果将外部电压施加到电极,如果阴极相对于阳极为负,则电流将由于热电子效应而流动,而如果热电极为阳极,相对于冷电极为正,则电流将不流动。正是电极之间功能不对称条件的这一发现构成二极管,而不是电场通过真空传输电荷的发现:单原子气体的电离已经表明自由电子可以在电场内移动。但是这种现象是可逆的,不是两极化的。如果将装有稀薄气体的管翻转,则正极柱和灯环相对于该管会转变到另一侧,但相对于来自发电机的电流方向则保持在同一侧。二极管是由电场的这种可逆的电荷传输现象与不可逆性条件之间的联系所构成的,该不可逆性条件是由于可传输电荷是单种电荷(仅负极),并且仅通过两个电极之一进行加热;二极管是一个真空管,两端分别有热电极和冷电极,在它们之间会产生电场。所以确实存在一个绝对的开始,这是电极的不可逆状态和电荷通过真空传输的现象的关系:这是被创造出来的**技术本质**。
二极管是一种不对称电导。

    但是,应该指出的是,这一本质比弗莱明阀的定义要广。至今我们
已经发现了其他几种创建不对称电导的方法。方铅矿和金属的接触,
铜和氧化铜的接触,硒和另一种金属的接触,锗和钨的接触,结晶的硅
和某金属的接触,这些都可产生不对称的电导。最后,我们可以将光电
电池视为二极管,因为光电子在电池的真空中表现得像热电子一样(在
真空电池中以及在气体电池中皆如此,但这一现象因为加入光电子引
起的二次电子发射而变得复杂)。那么二极管是否也应该被称为弗莱
明阀? 从技术上讲,弗莱明阀可以在多种应用中被替代为锗二极管(用
于低电流和高频),硒或氧化铜整流器(用于低频和高强度应用)。但是
使用并不是最好的标准:我们也可以用旋转转换器 * 代替弗莱明阀,这
一技术物使用的基本图式与二极管完全不同。实际上,热电子二极管
构成了一个明确的属(genre),它具有其历史性的存在。除此以外,还
有一种纯粹的操作图式,可以将其转换为其他结构,例如不完善的导体
或半导体的结构;操作图式是相同的,以至于在理论图式上,可以用符
号(不对称电导)来表示一个二极管,该符号不会预先判断所用二极管
的类型,而由建造者决定。但是,纯粹的技术图式定义了技术物存在的
类型,这个类型是以其理想功能来定义,这与历史类型的现实有所不
同。从历史上看,弗莱明二极管比锗、氧化铜或硒和铁整流器更接近
李·德·弗雷斯特三极管,但是,它们用相同的示意符号表示,并在某
些情况下具有相同的功能,可以代替弗莱明二极管。弗莱明阀的本质
并不包含在其不对称的电导特性中;它也是产生和传输这种可减速、加
速和可偏离的电子流的原因,该电子流可以被分散或集中,排斥或吸
引。技术物不仅仅由于其在外部设备中的功能(不对称的电导)而存
在,而且还取决于它本身:正是因为这样,它才具有**不饱和度**以及**延续
后代**的能力。

我们可以将原始技术物视为一个不饱和的系统：后续改进也将介入其中，系统逐渐趋于饱和。从外部，可以相信技术物会退化并改变其结构，而不是变得更完善。但是，可以说技术物的演变是家族的生成：原始物是该族的祖先。我们可以将这种进化称为自然的技术进化（evolution technigue naturelle）。从这个意义上说，燃气发动机是汽油发动机和柴油发动机的始祖。克鲁克斯管是柯立芝管的祖先；二极管是三极管和其他多极管的祖先。

在每个系列的起源处，都有明确的发明行为。从某种意义上说，燃气发动机是从蒸汽发动机出来的；汽缸，活塞，传动系统，抽屉式的分配和灯的布置都与蒸汽机相似。但说它从蒸汽机出来，就好像说二极管是从电离放电管中出来：此外，还需要一种新的现象，一种在蒸汽机和放电管中都不存在的方案。以蒸汽机为例，加压燃气锅炉和热源都在汽缸外。在燃气发动机中，是汽缸本身作为爆炸室，成为锅炉和炉膛：燃烧发生在汽缸内部，是内燃。在放电管中，电极无关紧要，电导保持对称。热电子效应的发现使得可以制造类似于放电管的仪器，后者可以经电极化而产生不对称电导。技术物的起点以构成**技术本质**的发明的这种综合为标志。

技术本质的特点是：它在整个进化过程中保持稳定，不仅稳定，而且通过内部发展和逐步饱和而成为结构和功能的生产者。内燃机的技术本质之所以能进化为柴油发动机的技术本质正是因为功能的进一步具体化：在之前的发动机中，压缩时汽缸内燃料混合物的加热是不必要的，甚至是有害的，因为它有可能产生爆炸而不是产生爆燃 *（带有渐进爆炸波的燃烧），这限制了既定类型燃料的可允许压缩率。相反，在柴油机中，由于压缩而导致的过热变得至关重要并且是正面的，因为正是由它引起了爆燃。这种压缩作用的积极特征是通过更精确地确定化油器必须介入循环的时刻而获得的：在之前的汽化器式发动机中，化油可以在将燃油混合物引入油门之前的不确定时间进行。在柴油发动机中，当活塞进入上止点时，必须在引入和压缩干净的空气且没有燃料蒸汽的情况下进行化油,因为这种引入会导致爆燃的开始(发动机循环的启动时间),并且只有在压缩结束时,空气达到最高温度时才可能导致这种情况。因此,与汽油发动机相比,柴油发动机在空气中引入燃料(化油)具有更多的功能意义;它被集成到一个更饱和,更严格的系统中,给制造者带来更少的自由度,给用户带来了更少的容忍度。三极管也比二极管更饱和。在二极管中,不对称电导仅仅受热电子发射的限制:当阴极-阳极电压升高时,阴极保持确定温度,内部电流会越来越多,但会达到一定的上限(饱和度),这是因为阴极发射的所有电子都被阳极捕获。因此只能通过改变阳极电压来调节流过二极管的电流。相反,三极管是这样一种系统,其中流过阳极-阴极空间的电流可以连续变化而无需改变阳极-阴极电压;二极管的原始特性(电流的变化作为阳极-阴极电压的直接功能)仍然存在,但电流可以通过控制栅的电压的变化而倍增。在三极管中,阳极电压上的变化功能获得了个化(individualisée)①,自由的和确定的特性,这是因果关系的一个组成部分,它为系统添加了一个元素,并因此增加其饱和度;在技术物的发展过程中,由于功能隔离而导致的系统饱和更加突出;在五极管中,流经阴极-阳极空间的电流变得独立于阳极电压,因为阳极电压的值介于最小值和最大值之间(由散热的可能性来定义)。这种特性足够稳定,可以使用五极管作为张弛振荡器(oscillateurs de relaxation)＊的负载电阻,它必须为阴极射线示波器的水平偏转电压产生线性锯齿;在这种情况下,屏幕电压,控制栅极电压和第三栅极(抑制器)电压保持固定。相反,在三极管中,当有一个给定的控制栅电压,阳极电流随阳极电压而变化:在这种情况下,三极管的功能仍近似二极,而五极管在运作中则不再是这样;这种差异是基于以下事实:在三极管中,阳极仍然扮演着俘获电子(动态作用)和产生电场(静态作用)的模糊角色。相反,在四

———————

① 译注:西蒙东使用了两个很接近的词,即 individuation(主论文)和 individualisation(次论文,即本书)。为了区分两者,本书折中翻译为个体化和个化。

极管或五极管中,栅栏-屏(grille-écran)担当了维持电场,调节电子流动的角色。平板阳极仅保留电子捕获的作用;因此,五极管的斜率可以比三极管的斜率大得多,因为即使在没有变化或偏转的情况下(屏幕处于固定电位),阳极电路中插入了负载电阻器导致电流增加,阳极电压下降时,它仍然可以保持加速静电场的功能。可以说,四极管和五极管消除了三极管中存在的对抗作用,这种对抗作用是阳极加速电子的功能和捕获由同一阳极加速的电子所传递的电荷的功能之间的对立关系。而插入负载电阻器会导致阳极电势下降,并降低电子的加速度。从这个角度来看,栅栏-屏应被视为固定电压的静电阳极。

因此,我们可以理解四极管和五极管确实来自基本三极管图式的饱和和协同具体化的发展。栅栏-屏集中了所有与静电场有关的功能,这些功能对应于固定电势的守恒。控制栅和阳极仅保留与可变电势相关的功能,但程度上有很大的增强(在运行过程中,五极管的阳极放大之后可增加 30 至 300 伏之间的电位);比起三极管,控制栅所吸收的电子更少,这使得处理高输入阻抗变得可能:控制栅的功能变得更纯粹,并确保直流电的电子输送。我们可以更严格地说,它是静电结构。因此,我们可以将五极管和四极管视为三极管的直接后代,因为它们通过将功能重新分配为协同子组合(sous-ensembles synergiques)来减少不兼容性,从而实现了其内部技术方案的发展。在随后的连续发展中,组织性发明的具体方案的基本稳定性,确立了技术谱系的统一性和独特性。

技术物的具体化使它处于自然物和科学表象之间的位置。抽象的、原始的技术物远无法构成自然系统。抽象的技术物只是一些在根本上被分隔开来的科学概念和原理在物质上的翻译。它们被组合在一起只是因为它们的聚合会产生预期的效果。原始的技术物不是自然的物理系统。它是知识系统在物理上的翻译。因此,它是一个或一组应用程序。它出现在知识之后,但无法学习。它不能归纳为自然物,因为它是人工的。

相反,具体的技术物,即进化了的技术物,更接近自然物的存在模式,它趋向于内部连贯性,采纳了循环的因果关系系统,另外,它也结合了自然世界的某些部分,后者变成了功能的条件,成为因果关系系统的一部分。技术物在进化的同时失去了人造的特性:人造物的本质在于它需要人类的干预,以保护它免受自然界的侵害,并赋予它存在以外的地位。人造性并不是早在制造源头就与自然生产自发性对立的特征:人造性是属于人类行为内部的,无论这行为干预在自然物还是完全的人造物上。在温室中获得的只产生花瓣(重瓣花)而不能产生果实的花,是人造植物的花:人类已经使植物的功能脱离了其连贯的实现方式,因此,除了通过嫁接等需要人工干预的过程之外,植物再也无法繁殖。天然物的人造化所产生的结果与技术具体化的结果相反:人造植物只能在该实验室中存在,因为它是温室植物,具有复杂的热力和水力调节系统。最初的生物功能系统所开放的功能是彼此独立的,仅靠园丁的照顾就可以联系在一起。(温室的)开花已变得纯净、脱离、异常,植物开花直至枯萎,没有产生种子。它失去了抵抗寒冷、干旱和中暑的最初能力;原始自然物的规定成为温室的人工规定。人造化是人造物中抽象的过程。

相反,通过技术具体化,原本的人造物却变得越来越类似于自然物。[①] 最初,此技术物需要外部规范化的环境,例如实验室、车间或者工厂;逐渐地,当它变得更具体时,它能够在没有人造环境的情况下完成工作,因为它的内部连贯性增强了,其功能系统通过自我组织而完善。具体化的技术物与自发产生的自然物可以对比。它将自己从原先依赖的实验室释放出来,并动态地将实验室整合到它的功能里。它与其他技术物或自然物之间的关系成为规定并允许自我维护的操作条件;该物不再是孤立的。它与其他物相关联,或者是自给自足的,而在开始时它是孤立和异己的。

---

① 其他版本:技术物变得自由并自然化。

这种具体化的结果不仅是人类和经济上的结果（例如通过授权去中心化），而且还具有智力上的意义：具体化的技术物的存在模式类似于自发产生的自然物的存在模式，我们可以合法地将它们视为自然物，也就是说，对其进行归纳研究。它们不再仅仅是某些早期科学原理的应用。尽管它们可能在原理上不同于自然结构，但它们的存在证明了具有与自然结构相同状态的某种结构的可行性和稳定性。对具体技术物的运行方案的研究具有科学价值，因为这些对象不是从一个单一的原理推导出来的。它们见证了一定的操作和兼容的模式，而这些模式不仅是存在的，并且早于设计的意图：这种兼容性未包含在用于构造物的每个独立科学原理中，因为它是凭经验发现的。从对这种兼容性的观察中，我们可以回到各门科学来提出它们的原理之间的关联问题，并找到一门关联和转换的科学，我们可以称之为通用技术（technologie générale）或者机械学（mécanologie）。

但是，这种通用技术如果具有意义，就必须避免将其建立在技术物对自然物、特别是生物的同化（assimilation）的基础上。必须杜绝模拟或外部相似之处：它们没有任何意义，只会误入歧途。对自动机的思考是危险的，因为它可能仅限于对外在特征的研究以及滥用式同化的操作。只有技术物中或技术物与其环境之间的能量和信息交换才算重要，旁观者所看到的外在行为并不足以是科学研究的对象。甚至没有必要找到一门单独的科学来仅仅研究自动机的调节和命令机制：技术必须考虑技术物的普遍性（universalité）。从这个意义上说，控制论是不够的：控制论具有巨大的优点，它是对技术物的第一个归纳性研究，并表现为对专业化的科学学科的中间领域的研究。但由于它是从对某些特定的技术物的研究开始的，所以它的研究领域也太专门化了。它从一开始就接受了技术必须拒绝的东西：根据属和种的标准对技术物进行分类。没有自动机的属，只有技术物，它们具有实现各种程度的自动化的功能组织。

使控制论作为跨学科研究失效的原因（然而，这也是诺伯特·威纳赋予其研究的目的),是将生物和自我调节的技术物等同的最初假设。现在,我们只能说技术物趋向于具体化,而诸如生物之类的自然物从一开始就是具体的。具体化的倾向不应与完全具体存在的状态相混淆。任何技术物都残留有某些抽象的方面。我们不应超越这个极限,说技术物和自然物等同。我们必须研究技术物的演变过程,以便可以将具体化过程确定为一种倾向(tendance);但是我们绝不能将最后的产品抽离出来,以宣布它完全是具体的;它只是比以前的更为具体,但仍然是人造的。我们必须考虑技术物随时间演变的具体化进程,而不只是技术物的分类,如自动机。只有这样,生物和技术物之间的相近性才具有真正的意义,而不是什么神话性的。如果没有地球上的人类去思考和实现终极性(finalité),那么在大多数情况下,即使自然界中存在调节结构(张弛振荡器、放大器或者亚稳态,这可能是生命起源的一个方面),光靠物理因果关系也无法产生积极有效的具体化。①

---

① 结尾的句子是对 1958 年校样的更正。

第二章 技术现实的进化;元素、个体、组合

一、技术进化中的过度发育和自我调节

技术物的进化可能产生过度发达的现象。当技术物获得过度的专门化,而使用或制造条件发生了轻微变化的时候,技术物便可能无法适应。作为技术物本质的图式可以通过两种方式进行调整:它首先可以根据其生产过程的**物质**和**人类条件**来适应;每个物体都可以充分利用其组成材料的电力,机械或化学特性。其次,它可以根据被指定的**任务**来适应:因此,适合在寒冷的国家使用的轮胎可能不适合温暖的国家,反之亦然。为高海拔制造的飞机因临时需要在低空作业时可能会受到阻碍,尤其是降落和起飞。喷气发动机由于其推进原理,在高海拔地区优于螺旋桨发动机,在极低海拔地区反而变得困难。当与地面接触时,喷气式飞机所能达到的高速度变得相当麻烦;机翼表面积的减少,再加上是喷气发动机,需要以非常高的速度着陆(几乎是螺旋桨飞机的飞行速度),这意味着需要很长的跑道。

可以降落在平原的第一架飞机比起现代的飞机在功能上的过度适应相对还要少。到目前为止,功能过度适应(suradaptation fonctionnelle)导致了某些类似于生物学上共生和寄生之间的模式:一些小型,非常快

的飞机需要由大型的飞机携带才能起飞，然后再与之分离。另一些飞机使用火箭来增加起飞的力度。运输滑翔机本身是一个过度发达的技术物；它只是一个在空中飘浮的货箱，或者更确切地说是一艘没有拖船的空中驳船。它与真正的滑翔机完全不同，真正的滑翔机在轻微发射之后，能够依靠气流来自行调节。自动滑翔机适用于没有发动机的飞行器，而运输滑翔机只是技术总体的两个不对称部分之一，另一部分是拖船。拖船因为无法承受与其动力相对应的负荷也相应解体。

　　因此，我们可以说有两种类型的过度发展：一种对应于特定条件的精细适应，不对技术物进行分割也不令其失去自主性；另一种对应于技术物的分割，如将单个基元划分为拖船和被拖物。第一种情况保留技术物的自主性，而第二种情况则牺牲了这种自主性。过度发达的混合情况发生在对环境的适应，技术物需要某种类型的环境才能正常运作，因为它在能量上与环境耦合（couplé）。这个情况几乎与拖船和被拖物的划分相同。例如，由于频率的差异（分别是 60 赫兹和 50 赫兹），如果从美国运到法国，由转向器同步的时钟会失去所有的操作能力。电动机需要转向器或发电机。单相同步电动机比通用电动机更适应于特定环境；在这种环境下，它提供了更令人满意的操作，但在其他环境下它将失去所有价值。三相同步电动机比在特定类型的领域上运行的单相电动机的适应度更高，但在该领域之外它不能被使用。由于这种限制，它提供了比单相电动机更令人满意的操作（更一致的速度，更高效率，更低磨损，更低耗能）。

　　在某些情况下，这种对技术环境的适应是必要的；因此，对比起任何功率的发动机，在工厂中使用三相交流电的效果都非常令人满意。然而，到目前为止，三相交流电尚未用于列车的电力牵引，因为这需要一种连接以及协调机车直流电机和三相交流高压输电网络的传输系统：它既可以是用链式悬吊的馈线提供直流电压的变电站，也可以是安装在机车上的变压器和整流器（即使悬链线由交流电压供电，也可向电机发送直流电压）。实际上，机车的发动机通过能量和频率适应能量分配的网络,将被迫失去大量的可使用范围。同步或异步电动机只有在达到某速度时才能提供大量的机械能;然而,尽管这种用途非常适用于固定机器,例如车床或钻头,它在零负荷下启动,并且在达到某速度后才需克服显著的阻力,但它并不适用于移动机车的发动机。机车带着惯性满载启动。当它以某一操作速度运作(如果我们真的能够谈机车的操作速度的话)时,它只需最少的能量。机车的发动机必须在加速或减速等转速过程中提供最大能量,以进行逆流制动。这种频繁适应转速的使用方式,有别于减少使用动态以适应技术环境的使用方式,例如工厂的多相部门在恒定频率下的使用。牵引电机的这个例子方便我们掌握技术物所持有的双重关系,一方面是与地理环境,另一方面是与技术环境。

技术物位于两个环境的交汇点,并且必须同时被整合到两个环境中。但是,由于这两个环境是两个世界,它们不是隶属于同一系统,并且不一定完全兼容。因此,技术物是通过人工选择以某种方式确定的,该选择力图实现两个世界之间相互妥协的最佳效果。从某种意义上说,牵引电机就好像是工厂电机一样,由高压的交流三相电提供能量。从另一种意义上说,它将能量分配到牵引火车上,从停止到全速再到减速停止。它必须在坡道、弯道、下坡中拖曳列车,并保持尽可能恒定的速度。牵引电机不仅将电能转化为机械能,它还将其应用在变化多端的地理世界,这些环境的变化在技术上体现为铁轨的轮廓,风的可变阻力,机车前部要排斥和散开的积雪的阻力等。牵引电机在供电线路中产生排斥反应,后者反映了世界的地理和气象结构:当雪变厚,坡度增大时,侧风将车轮螺栓推向轨道并增加摩擦,吸收强度也随着增加,线路中的张力相应减小。通过牵引电机,**两个世界相互作用**。相反,工厂用的三相电动机不能以相同的方式在技术世界和地理世界之间建立相互的因果关系。它几乎完全只在技术世界内部运作。环境的单一性说明工厂电机并不需要适配环境(milieu d'adaptation),而牵引电机则需要由整流器构成的适配环境——这些整流器放置在变电站内或机车上。

除了降压变压器之外,工厂电动机几乎不需要适配环境,大功率电动机甚至可以忽略它。然而对于中型电动机来说,从使用者的安全出发,它是必需的,但它并不是真正的环境适配器。

适应遵循不同的曲线,在第三种情况下具有不同的含义。它也不能直接导致过度发达的现象和因此而产生的不适应。适应之所以必要,不是针对排他性定义的环境,而是为了将两个不断进化的环境融合在一起的功能,它规范了适应,并在自主(autonomie)以及具体化方面详加定义。这才是真正的技术进步。因此,使用具有比铁板更高磁导率和更低磁滞的硅板,可以减小牵引电动机的体积和重量,同时提高效率。这种改进是朝着技术世界和地理世界之间的调解功能的方向发展的,因为将发动机安置在转向架的高度上,机车的重心可能较低,转子的惯性将会更小,这对于快速制动来说是更可取的。硅绝缘物质可以承受更大的热量同时没有绝缘体变质的风险,从而增加了启动时和制动时发动机电流过载的可能性。这样的改进不限制牵引电机的应用领域,而是进一步扩展。安装硅绝缘电机的机车可以在陡峭山坡上或在炎热的国家使用,而无需采取其他预防措施。相关的使用也增加了。可以使用相同类型的改进型发动机(在小型机器上)作为卡车减速器;实际上,引擎要适应的是关系模式(modalité relationnelle),而不仅是某种类型的关系(例如连接网络和地理世界以牵引列车的那种关系)。

金堡(Guimbal)涡轮机提供了类似的具体化示例。[①] 该涡轮机被置入压力管道中,并直接与一架非常小的发电机相连。发电机放置在一个高压、灌满机油的机匣里。大坝墙壁的压力管道包含了发电厂的全部,因为出现在地面上的只是装有油箱和测量装置的岗亭。水具有多种功能:它提供驱动涡轮机和发电机的能量,并带走发电机中产生的热量。机油还具有显著的多功能性:它润滑发电机,使绕组绝缘,并将

---

① 这些涡轮机的类型与法国新潮汐能发电厂所配备的球组涡轮机相同。它们是可逆的,可用于在退潮时以低耗能抽水。

热量从绕组传导到壳体,经水流带走。最后,它防止水流通过轮轴的电缆密封套进入曲轴箱,因为曲轴箱中的油压高于曲轴箱外部的水压。这种超压本身是多功能的。由于轮轴缺乏密封性,油在阻止水回流的同时对轴承进行永久压力润滑。但是,应该指出的是,由于多功能性,这种具体化和关系性适应(adaptation relationnelle)才变得可能。在金堡的发明之前,人们还没有想到要将发电机放入装有涡轮机的压力管道中,因为就算解决了所有密封和绝缘问题,发电机仍然太大了,无法放置在涡轮机的管道里。解决水密性和电绝缘问题的方法使发电机引入管道中变得可能,该方法可以通过油和水的双重中介性实现出色的冷却效果。我们甚至可以进一步说,通过允许水的快速冷却,将发电机引入管道也变得可能。而且,高冷却效率可大幅减小产生相同功率所需的各种尺寸。在空气中满负荷使用的金堡发电机会很快被热量破坏,而在油和水的双重包裹中,它几乎没有明显的发热迹象,发电机的旋转运动(对于油)和涡轮机的湍流(对于水)有力地产生脉冲效应。发明**意味着解决问题**,而这也是具体化的条件。实际上,由于具体化所创造的各种新条件,使这一具体化变得可能。相对于非过度发育性适应的唯一环境是由适应本身创建的。在这里,适应行为并非我们平时所理解的,也即是说环境在适应之前已然存在。

适应-具体化是一个过程,它决定了环境诞生的条件,而不是完全制约于已给予的环境。它只是受发明之前所假设的环境的限制。发明实际上是一种跳跃,并由它所创造的环境中建立的内部关系所产生:这种涡轮发电机的可能条件在于其实现。有赖于物理上的热交换方式,机器的尺寸缩小了,它才能被放到管道里。可以说,具体化的发明实现了技术地理环境(这里是湍流中的水和油),后者是技术物功能的可能条件。因此,**技术物是其自身存在的条件,**同时是技术和地理环境**的混合存在的条件。**这种自我调节现象定义了一种原理,遵从该原理,技术物的发展不会导致过度发育的倾向,进而出现不适应。当适应只是为了适应某一已存在的环境,就有可能发生过度发育。事实上,这种适应是为了将就已存在的环境，而不对它进行改造或转换它的角色。

技术物的进化之所以能称之为进步，是因为这些技术物在进化中是自由的，并非由致命的过度发育的必然性所推动。为此，技术物的进化必须是建构性的（constructive），也就是说，它导致了第三个技术-地理环境的创建，其每个改进都是自我条件的（auto-conditionnée）。这不是朝着预先确定的方向前进的进步，也不是自然的人性化。这个过程看起来像是人类的自然化。在人与自然之间出现了一个技术地理环境，这只有通过人类智慧才有可能设计：通过其运作的结果进行自我调节，需要一种预期的发明性功能，它在自然或已构成的技术物中都不存在。跨越既定的现实及当前的系统性知识，朝着新的形式迈进，是一项持续性的工作。这些新形式之所以得以维持，是因为它们之间构成了一个系统。当一个新器官在进化中出现时，只有在达到系统性和多功能性的融合之后，它才能被保留。器官是自身的条件。同样，地理世界和已经存在的技术物的世界以具体化的方式结合在一起。这一具体化是有机的，并由其关系性功能（fonction relationnelle）定义。就像只有在完成时才保持稳定的拱门一样，技术物所实现的关系性功能只有当它存在时（也因为它的存在）才能被维持以及保持一致性。它创造了自己的缔合环境（milieu associé），并在其中真正实现个化（individualisé）。

二、技术发明：生命体和发明思维中的基础和形式

因此可以肯定地说，技术物的个化是技术进步的条件。这种个性化可以通过自身所创造的环境中的循环性因果关系而实现，它与环境构成相互条件。这种既是技术又是自然的环境可以称之为缔合环境。通过这一环境，技术物能够在功能上自我调节。该环境不是被制造出来的，或者至少不是完全被制造出来的。它是围绕在技术物周围的自然元素的体系，与构成技术存在的元素的体系相连。缔合环境是技术

物的技术元素与(其赖以操作的)自然元素的中介,例如金堡涡轮机内部和周围流动的油和水的组合。该组合通过相互性的热交换而实现具体化和个化:涡轮机旋转得越快,发电机通过焦耳效应和磁损耗释放的热量就越大。但是涡轮机旋转得越快,转子周围的油和曲轴箱周围的水的湍流就越大,从而促进了转子和水之间的热交换。这种缔合环境正是技术物生存的条件。严格来说,被发明的是需要缔合环境才能运作的技术物。实际上,这些技术物不能像连续进化一样逐步地形成,因为它们要么作为整体存在要么根本不存在。这些与自然界联系起来,并缔造了相互因果关系的技术物只能被发明,而不是逐步形成,因为这些技术物是其运作条件的根据。这些技术物只有在问题解决后,也就是说,只有当它们与缔合环境共存时,它们才存在。

这就是为什么我们注意到具有绝对起源的技术物的历史存在着这种不连续性。只有具有预测能力和创造性想象力的思想才能在时间上逆转这种条件:物质上构成技术物的元素在此之前是彼此分离的,也没有缔合环境,它们必须以相互性的因果关系来组织,而这些关系只有当技术物已构成时才存在。因此,这个条件是由未来施加在现在,因为它还未存在。这种未来的功能很少是偶然的。它要求实现一种能力,其根据特定的需求来组织各个元素,这些需求具有组合性的价值和指导性价值,并扮演着象征尚未存在的未来组合的角色。未来缔合环境包含着容许新的技术物操作的因果关系。这一未来缔合环境的统一可以采用有创造性想象力的图式来**表示**和**发挥**,而不需要真实人物的存在。思想的动力与技术物的动力是一样的。在发明过程中,思维图式(schèmes mentaux)会相互影响,就像技术物的各种动力会在物质功能上相互影响一样。技术物的缔合环境的统一性与生物的相类似。在发明中,生命体的这种统一性正是思维图式的连贯性,因为它们在同一存在中展开,那些自相矛盾的部分会自我抵消。因为生命体是一个个体,它自身承载着可以被生命体发明的缔合环境。这种自我调节的能力是产生可自我调节之物的根本。在分析发明的想象力时,心理学家没有注意到的不是图式、形式或者操作（它们是自发的、突出的元素），而是这些图式冲突、结合以及参与的动态背景。格式塔心理学在清楚地看到整体功能的同时，将力量归因于形式。毫无疑问，对想象过程的更深入分析将表明，决定并发挥积极作用的不是形式，而是承载形式的背景（fond）。虽然背景永远处于受关注的边缘，但它恰恰是动力的来源；它正是形式系统存在之根本。形式不参与形式，而参与背景，即所有形式的系统，或者说是形式倾向的共同储存库（它甚至是在形式独立存在并形成明确系统之前就已存在）。将形式与背景联系起来的参与性关系（relation de participation）跨越当前，并将未来的影响渗透到当前，将虚拟的影响渗透到现实。因为基础/背景是虚拟，是潜力，是传播力量，而形式是现实的系统。发明是以虚拟系统接管现实系统，并由这两个系统出发创建了一个新的系统。形式是被动的，因为它代表的是已实现的。当它们相对于背景进行组织时，它们就变得活跃起来，从而使之前的虚拟转化为现实。毫无疑问，要解释形式系统如何参与进一个虚拟的背景/基础是相当困难的。我们只能说，那是根据与构成技术物的缔合环境中每个结构之间的关系相同的因果模式与条件。这些结构存在于缔合环境中，由后者以及同一技术物的其他结构来决定。这些结构同时也部分地决定了缔合环境，而且每个结构各异。而由每个结构分别决定的技术环境以提供能量的、热力的、化学的运作条件的方式来全局决定这些结构。在缔合环境和结构之间存在着循环的因果关系，但是这种循环并不是对称的。环境起着信息的作用。它是自我调节的场所，是信息或已经由信息控制的能量的载体（例如，水的流动速度或多或少地决定机匣的冷却速度）。虽然缔合环境是稳态的，但结构却没有循环的因果关系。每个结构都单独参与其中。弗洛伊德通过将这种影响解释为隐性形式对显性形式的影响，从而分析了背景对心理生活中形式的影响，这正是压抑的概念。实际上，实验证明确实存在着象征化（对处于催眠状态的对象进行实验，分析师向他讲述一个具有强烈情感的场景，他醒来时使用象征换位来重述该场景），但这并不是说无意识拥有与显性形式相似的形式。如果心理背景是有效的（由意识状态和清醒状态所催生的显性形式在此之上展开，并参与其中），那么这种倾向的动力学就足以解释这种象征化。正是缔合环境建立了形式之间的循环因果关系，并重整了整个形式系统。异化是心理生活中背景与形式之间的断裂：缔合环境不再调节形式的动态。迄今为止，对想象力的分析一直很糟糕，因为这些分析视形式为主要的因素、精神生活和物质生活的主导者。事实上，生命与思想之间存在着非常密切的亲属关系：在有生命的有机体中，所有生命物质都在生命中合作。不单是最明显、最清晰的结构在体内具有生命的主导性，血液、淋巴液、结缔组织同样参与生命。一个人体不只是由系统中的各器官集合组成。除了器官、生命物质等，还有其他的要素构成了器官的缔合环境。生命物质是器官的背景（基础）。前者将后者彼此连接并使它们构成有机体。生命物质保持了基本的平衡，即热量、化学的平衡，器官在这些平衡上可以有突然而有限的变化。器官参与到身体上。这种生命物质远非纯粹的不确定性和纯粹的消极性，也不是盲目的渴望：它是信息化的能量的载体。同样，思想也具有清晰、分离的结构，例如再现、图像、记忆和感知。但是所有这些元素都参与到一个背景，该背景为它们提供了一个方向，一个稳态的统一体，并且将信息化的能量从一部分传递到另一部分，从整体到每一部分。可以说背景是隐性的公理，新的形式系统在其上展开。没有思想的深度/背景，就不会有思想者的存在，而只是一系列不相关的非连续的再现。这种背景是形式的缔合心灵环境（milieu mental associé）。它是生命和思想的中介者，正如技术物的缔合环境是自然世界与技术物的人造结构之间的中介者一样。我们之所以可以创建技术存在，是因为我们内部具有一组与我们在技术物中建立的关系非常相似的物质-形式关系。思想与生命之间的关系类似于结构化技术物与自然环境之间的关系。个化的技术物是被发明出来的物，也就是说，是由人类生命与思想之间循环的因果博弈产生出来的。仅与生命或思想相关的物不是技术物，而是器具或工具。它没有内在的一致性,因为它没有构成循环因果关系的缔合环境。

三、技术个化

缔合环境中循环因果关系作为技术物个化的原则,可以让我们更清晰地思考某些技术组合,并知道需要将它们当作技术个体或者技术组合来理解。我们将说,当缔合环境作为技术物正常操作的必要条件而存在时,我们可以称后者为技术个体,而技术组合恰好相反,例如感官生理学实验室。听力计是技术个体吗? 如果不考虑电源以及用作电声转换器的耳机或扬声器的话,那显然不是。我们将听力计定义为必须置于一定的温度、电压和噪声水平条件下(以便频率和强度稳定),并且可以进行阈值测量的技术物。我们必须考虑房间的吸收系数以及在某些频率下可能产生的共振。房间是整个设备的一部分:音频度量要求要么在空旷的地方进行操作,要么在一个消音的房间内进行测量(在天花板上安装抗麦克风悬挂装置,并且在墙壁上铺上厚厚的玻璃棉)。那么,由制造商出售或由个人自己制造的听力计本身是什么? 它具有相对个体性的技术形式的组合。因此,它通常具有两个高频振荡器,其中一个是固定的,另一个是可变的。两个频率中的较低一个用于产生可听见的声音;另有衰减器允许调整刺激性的强度。这些振荡器中的任何一个都不是独立存在的技术物,因为它们需要稳定的加热电压和阳极电压来保持稳定。这种稳定通常通过电子系统来实现,该电子系统具有循环的因果关系,在功能上构成了振荡器技术形式的缔合环境;但是,此缔合环境并不完全是缔合环境。它实际上是一种转移系统,是一种适应手段,使振荡器不受外部自然和技术环境的影响。只有当其中一个振荡器的偶然频率偏移导致与该频率偏移相对应的电源电压发生变化时,该环境才会成为真正的缔合环境。然后,在受调节的电源和振荡器之间将存在相互因果的交换。技术结构以组合形式自我稳定。

相反,这里只有电源是自稳定的,它不会对任何一个振荡器的频率的偶然变化做出反应。

这两种情况的理论和实践差距很大。实际上,如果电源稳定,而又不与振荡器产生循环因果关系,我们可以没有任何不便地限制或扩展该电源的同时使用。例如,可以将第三个振荡器连接到同一电源,只要该振荡器保持在正常电流限制之内,它就不会干扰其他振荡器的工作。相反,为了获得有效的反馈调节,必须将单个结构连接到单个的缔合环境;否则,同一缔合环境内的两个结构偶然的相左的变动,会相互补偿,而阻碍了调节反应。连接到相同缔合环境的结构必须协同操作。由于这个原因,听力计包括至少两个不同的部分,它们不能由相同的缔合环境进行自我稳定:一部分是频率发生器,另一部分是放大器-衰减器。必须避免一个组件在另一个组件上发生作用,这需要留意将两个电源分开,并在它们的内壁装上电磁屏蔽,以避免任何相互作用。另一方面,听力计的材料局限不是功能上的。放大器-衰减器通常通过声音复制器,以及房间或使用者的外耳(例如扬声器或耳机)延伸。因此,我们可以假定技术物个化存在着相对的水平。该标准具有**价值论上的意义**(valeur axiologique):当技术组合由具有相近个化水平的子组合构成时,该技术组合的一致性最高。因此,在感官生理学实验室中,将听力计的两个振荡器和放大器-衰减器组合在一起是没有好处的。相反,最好对两个振荡器进行分组,以使它们同时以相同的比例受到电压或温度变化的影响,从而尽可能减小因为频差所产生的拍频变化。由于两个基本频率将同时增加或减少,因此每个振荡器的频率的相对变化将尽可能减小。另一方面,通过提供两个单独的电源,并将两个振荡器的电源连接到扇区的不同相位,将与脉冲频率发生器的功能单元完全相反。这将打破补偿两个变化量的自稳定效应,使两个振荡器的**组合**在较低拍频中具有很大的稳定性。将振荡器连接到与放大器-衰减器电源的不同相位是有用的,它避免了放大器的阳极消耗的变化对振荡器电压的反应。

一个技术组合内的技术物的个化原则是缔合环境中循环因果关系的子集合的原则。在其缔合环境中具有循环因果关系的所有技术物必须彼此分离，而连接时必须保持缔合环境之间彼此的独立性。因此，振荡器的子组合和放大器-衰减器-再现器的子组合不仅必须独立于其电源，而且还必须独立于彼此之间产生的耦合：放大器的输入，相对于振荡器的输出必须具有非常高的阻抗，因此放大器对振荡器的影响会相对减弱。例如，如果将衰减器直接连接到振荡器的输出端，则该衰减器的设置将会对振荡器的频率产生影响。较高级的组合包括所有这些子组合，它是根据以自由方式进行连接的能力定义的，而这些连接不会破坏各子组合的自主性。例如实验室里通用控制和连接的面板，静电和电磁屏蔽，非反应性联轴器的使用（例如称为**阴极跟随器**的联轴器）旨在保持子组合的这种独立性，同时允许子组合之间进行各种必要的组合。能充分利用各功能，而又不相互影响操作的条件，这就是该组合的二级功用，例如实验室。

然后我们可以问自己，个体性是在什么水平上：在子组合的水平还是在组合的水平上？循环因果关系是答案的要点。的确在高级组合的水平（如实验室）上，并没有真正的缔合环境。如果存在的话，它仅在某些方面，而不是普遍性的。因此，在进行听力测验实验的房间中通常不方便放置振荡器。如果这些振荡器使用带有磁铁电路的变压器，则金属薄板的磁致伸缩（magnéto-striction）＊会产生振动，并发出令人讨厌的声音。电阻和电容振荡器也由于其他电吸引而发出低声。为了进行精细的实验，有必要将设备放置在另一个房间中并进行远程控制，或者将受试者隔离在消音的房间中。同样，电力变压器的磁辐射会极大地妨碍脑电图和心电图实验中的放大器。因此，实验室的上层组合主要由非耦合设备组成，从而避免了产生缔合环境的机会。技术组合与技术个体的区别在于，对前者来说，创建单个的缔合环境是不可取的。组合包括了一些设备，以对抗单个缔合环境产生的可能。它避免了其所包含的技术物之间的内部具体化，并且仅使用其操作的结果，而无需处理操作条件的交互作用。

在技术个体之下，是否仍存在具有一定个体性的群体？——是的，但是这种个体性与具有缔合环境的技术物的个体性不同。它们可以是某些多功能的技术物，但没有积极的缔合环境，也就是说没有自我调节，例如热阴极灯。当此灯插入具有自动极化阴极电阻的固定装置中时，很容易发生自调节现象；例如，如果加热电压增加，则阴极发射增加，从而负极性增加。灯没有放大更多，它的流量几乎没有增加，它的阳极耗散也没有增强。即使放大器的输入电平发生变化，类似的现象也会导致 A 类 * 放大器自动调整输出电平。但是，这些反馈式的调节并不仅仅在灯内部。它们取决于整个组件，在某些情况下，这种调节并不可行。因此，二极管的加热阳极在两个方向上都导电，从而进一步增加了流过它的电流强度。从阳极接收电子的阴极会加热，并发射越来越多的电子；因此，这种破坏性过程显示出正面的循环因果关系，这是整个组件的一部分，而不仅仅是二极管。

技术个体以下的技术物可以称为技术元素；它们与个体的区别在于没有缔合环境。它们可以被整合到个体中。热阴极灯是技术元素，而不是完整的技术个体。我们可以将其与生物体内的器官进行比较。从这个意义上讲，我们有可能定义一种一般器官学（organologie générale），它在元素水平研究技术物，并作为技术学的一部分，而机械学（mécanologie）则研究完整的技术个体。

四、进化顺序和技术性的保存。放松法则

技术元素的进化会影响技术个体的发展；技术个体由元素和缔合环境组成，在一定程度上取决于它们使用的元素的特征。因此，今天的电磁电动机可以比格莱姆时代（Gramme）的电动机小得多，因为磁铁的体积大幅度减小了。在某些情况下，这些元素是先前技术操作的结

晶。因此，具定向的晶粒磁体（也被称为磁性淬火磁体）的生产方法是在熔融物料周围保持强烈的磁场，该物料在冷却后将变成磁体。我们先在居里点（point de Curie）＊以上将熔化的物质磁化，然后在物质冷却时继续保持这种强烈的磁化。磁化物冷却后会比冷却后再被磁化的磁铁要强大得多。这里发生的就好像强磁场正在作用于熔融物质中分子的定向，如果在冷却过程中保持磁场并且过渡到固态，则在冷却后仍保持该定向。然而，烤箱、坩埚、线圈所产生的磁场构成了一个系统，一个技术组合。烤箱的热量不得作用在线圈，在熔融物料中产生此热量的感应场不得中和用以产生磁化的连续场。该技术组合本身由一定数量的技术个体组成，这些个体相互之间根据操作目的进行了组织，并且不妨碍其特定的功能的调节。因此，在技术物的进化过程中，我们看到了因果关系的过渡，这种因果关系从先前的组合过渡到后继的元素。这些元素被整合到个体中，改变了后者的特征，容许技术因果关系再次从元素水平上升到个体水平，然后从个体水平上升到组合水平。在一个新的周期中，技术因果关系会下降到元素的制造过程，再到新的个体，然后是组合。因此，这样一条因果关系线不是直线而是锯齿状的，同一现实以元素的形式存在，然后是个体，最后是组合。

　　元素的制造是技术现实之间的历史性团结（solidarité historique）的中介（intermédiaire）。要使技术现实具有后继，仅靠其自身完善还不足够：它还必须根据现实的不同水平的放松公式（formule de relaxation），再生并参与这种周期性的生成。技术个体彼此之间的团结掩盖了另一种更重要的团结，后者拥有进化的时间维度；但与生物进化并不相同，它所表现的不是连续的水平上的转变，也不是更连续的线性发展。从生物学的角度来看，技术进化将包括以下事实：一个物种将产生一个器官，该器官将被并入到个体，并作为某一特定进化谱系的开始。后者又会产生一个新的器官，并开始另一时间线。在生命领域，器官与物种是不可分离的。在技术领域，正是由于该元素是被制造的，可以与生产它的组合分离。这正是生成物（engendré）与生产物（produit）之间的差

异。因此,技术世界除了其空间维度外,还具有历史维度。当前的团结
(或相互关系)不应掩盖后继者的团结。事实上,是最新阶段的团结,通
过其锯齿状的进化规律决定了技术生活的伟大时代。

这种放松的节奏在其他任何地方都找不到。无论是人类世界还是
地理世界,都无法通过连续性的方式以及突变的新结构来产生放松节
奏。此放松时间正是技术时间。它可以在历史时间的所有其他方面占
主导地位,因此它可以同步其他发展的节奏,并似乎决定所有历史演
变,而事实上它所做的只是同步化不同的相位。为了进一步说明根据
放松节奏进化,我们可以采用18世纪以来的能源作为例子。18世纪
使用的大部分能量来自瀑布、气体流动和动物运动。这些类型的动力
对应于沿河散布的小规模或工匠式作业。从这些手工制造的工厂中诞
生了19世纪初期的高效热力机械和现代的机车,它是由马克·塞金
(Marc Seguin)的管式锅炉改造而来的,该管式锅炉重量轻,比沸腾锅
炉要小(斯蒂芬森滑槽),可以调节进气时间和放气时间之间的关系,并
可以通过空位让蒸汽逐渐进入反向位置。这是一种手工技术的机械发
明,它使牵引电机能够应用在变化很大的场景,当发动机扭矩有很大的
变量时,它使热能易于适应铁路牵引的工作,而代价是在非常高的动力
条件下(导入时间几乎等于发动总时间)损失了效率。斯蒂芬森滑槽和
管式锅炉是18世纪手工组合中出现的元素,以机车的形式晋身为19
世纪的新技术个体。大吨位的运输已遍及所有国家,而不再仅沿着水
道和蜿蜒的道路,这导致了19世纪的工业集中。它不仅包括了工作原
理是基于热力学的技术个体,而且它本质上就是热力学的;因此,从19
世纪到20世纪40年代,主要的工业集中在煤炭的来源地以及使用最
多热能的地点(如煤矿和冶金工厂)。我们从热力学元素来到热力学个
体,然后再到热力学组合。

然而,正是在这些热力学组合产生的元素中,我们找到了电子技术
的主要特征。在它们获得自主性之前,电能的应用似乎是灵活地通过
能量传输线将电能从一个地方传输到另一个地方。具有高磁导率的金

属是通过热力学在冶金术中的应用而生产的元素。铜线，高强度瓷绝缘子来自蒸汽线磨机和煤炉。塔架的金属结构，水坝的水泥来自高热力学浓度，并作为元素进入涡轮机和交流发电机等新技术个体。然后，新的组建、新的构成被强调和具体化。在产生电能方面，格莱姆(Gramme)机器让位于多相交流发电机。最初能量传输的直流电让位于恒定频率的交流电，后者被采用到热轮机以及水轮机的电力生产。这些电子技术个体被整合到电能的生产、分配和使用的组合中，其结构与热力学集中度大不相同。铁路在热力学集中的作用已被高压互联线路在工业电力系统中的作用所取代。

当电子技术全面发展时，它们会产生新元素的图式，从而引发一个新的阶段：首先是通过电场进行的粒子加速，然后是通过连续电场和交变磁场，这最后导致了发现核能可用性的技术个体的建造。然后，非常显著的是，借助电冶金技术，有可能提取诸如硅之类的金属，这些金属允许将光的辐射能转化为电流，而对于受限的应用，产率已经达到(6%)这一非常有趣的水平，而且与第一台蒸汽机相比并不低多少。大型的工业电子技术组合所生产的纯硅光电管是尚未纳入技术个体的元素。它的制造仍然只是出于好奇，也是电冶金工业技术可能性的极端表现，但是它有可能成为类似于我们已熟知的发展阶段的新的阶段的起点，而这一新阶段在工业电能的生产和使用的发展中还有待完成。

但是，每个放松的阶段都可以同步化次要或相对重要的方面。因此，热力学的发展与煤炭运输以及铁路客运的发展齐头并进。相反，电气工程的发展与汽车运输的发展密不可分。尽管汽车在原理上是热力学的，但它还是利用电能(尤其是用于点火)作为基本的辅助工具。从长远来看，电能的运输实现了工业上的去中心化，与此相对应的是，汽车将人们运送到彼此相距遥远和不同海拔的地方(对应于公路而不是铁路)。汽车和高压线是平行的、同步的，但技术结构并不相同：电能目前尚未应用于汽车牵引。

同样，核能与通过光电效应获得的能量之间也没有关系。但是，这两种形式是并行的,它们的发展可能会相互同步①。因此,核能很可能在很长一段时间内都无法直接地应用于限制性用途,例如仅消耗数十瓦电力的应用;相反,光电能量是高度分散的能量。它在生产上是去中心的,而核能则主要是中心化的。电能与从汽油燃烧中提取的能量之间的关系仍然存在于核能和光电能量之间,也许区别更明显。

五、技术性和技术进化:技术性作为技术进化的仪器

技术物个化(individualisation)的不同方面构成了进化的中心,该进化以连续的阶段进行,但正确地说它不是辩证的,因为否定性并不起推动的作用。技术世界中的否定性是个体化(individuation)的缺陷,来自自然世界和技术世界的不完全结合。这种否定性不是进步的推动者,或更准确地说,它只是变革的动力,它促使人们寻求比已拥有的解决方案更令人满意的新方案。但是这种对改变的渴望并不能直接在技术上起作用。它仅在作为发明者和使用者的人类中起作用,此外,这种变革不应与进步相混淆。太快的变革与技术进步背道而驰,因为它妨碍了以技术元素的形式将上一个时代所获得的东西传递给之后的时代。

为了使技术有所进步,每个时代必须使紧随其后的人们获得其技术努力的成果。可以从一个时代传到另一个时代的不是技术组合,也不是个体,而是这些个体组合在一起所生产的元素。实际上,技术组合由于其内部相互变换(intercommutation interne)的能力,具有通过产生与自身不同的元素,从而跳出自身的可能性。技术存在在许多方面与生命体不同,但从本质上讲它们在以下方面是一样的:一种生命体产生与其相似的生命体,或者当条件得以满足时,后者可以经过一系列的

———————
① 当结合起来时,光电池可以被放射源辐照。

重组后以自发的方式变成前者。相反，技术物不具备这种能力；尽管控制论者企图通过技术物来复制生命体，但技术物无法自发地生产与其相似的其他技术物：这只能是一种缺乏基础的假说。但也是因为技术物缺乏这样的完美性，它比生命体具有更大的自由。在某些条件下，技术物可以产生技术元素。后者能成就技术组合的完美度，它们可以被组装成具有技术个体形式的新技术物。因此，它没有产生、后继，也没有直接生产，而是通过有一定技术完美度的元素构成间接生产。

这难免要求我们澄清什么是技术上的完美。从经验和外部层面来说，我们可以说技术完美度是一种实践质量，或者至少是某些实践质量的物质上和结构上的支持。因此，好的工具不仅是形状和切割都很好的工具。在实践中，锛子可能处于不良状态，磨得很差，但它并不一定是不好的工具。锛子本身是一个好工具，一方面它的弯曲度适合于在木材上施力，另一方面，即使用于硬木加工，它也能被磨利并保持锋利。但是，最后的质量是由用来生产工具的技术组合产生的。作为制成品，制成锛子的金属可以有不同的成分。该工具不只是获得特定形状的均质金属块。它是铸成的，也就是说，金属的分子链具有随位置变化的特定方向，就像木头纤维被排列成最大的硬度和弹性，特别是在切削刃的边缘和从孔眼到切削刃的平坦且厚的部分之间。这一靠近切削刃的地方在工作过程中会因弹性而变形，因为对于正在脱出的木屑，它起着楔子和杠杆的作用。最后，切削刃的最尖端边缘比其他所有部件都更坚固。它必须坚固，但要有明确的程度，否则太厚的钢金属会使工具变脆，并且金属丝会被碎片折断。整个工具就好像是由多个功能不同的区域焊接在一起。工具不仅由形式和材料制成；它包含了根据特定功能图式所开发的技术元素，并在制造过程中将其组装成稳定的结构。工具本身集合了技术组合的操作结果。要制出好锛子，需要铸造、锻造、淬火的技术组合。

因此，物的技术性不仅仅表现在使用中。技术性在形式和物质之间的关系的首个决定中加入了。它就好像形式和物质之间的中介一样,例如,根据不同的点进行不同程度的淬火。技术性是技术物的具体化程度。在铸铁车间还是用木材的时候,正是这种具体化,确保了托莱多(Tolède)刀片的价值和声誉,以及不久之前的圣艾蒂安(Saint-Étienne)的钢材的质量。这些钢材表达了一个技术组合的运作结果,该技术组合包括所用煤的特性以及弗伦斯非钙质水的温度和化学成分,或用于搅拌和精炼熔融金属的绿色木材的本质。在某些情况下,相对于物质-形式关系的抽象特征,技术性变得具决定性作用。因此,螺旋弹簧的形状和材料非常简单,但是弹簧生产的技术组合需要高度完善。通常,像驱动器、放大器这样的技术个体的质量对简单元素(气门弹簧,调制变压器)的技术性的依赖远高于组件的精巧度。但是,能够生产某些简单组件(例如弹簧或变压器)的技术组合有时会非常庞大和复杂,几乎是多个全球性工业的所有分支的共同延伸。毫不夸张地说,一根针的质量代表着一个国家工业的完美度。这也解释了这样一个事实,那些称得上"英式针"的,都在实践和技术判断上具有充足的合理性。这种判断是有道理的,因为技术组合是用它们生产出来的最简单的元素来表达的。当然,这种思考模式的存在除了使它合理化外,还有其他原因,特别是因为根据其来源来评价(qualifier)技术物,比起根据其内在价值判断要容易得多。这是一种说法,虽然这种说法可能会有夸大或刻意的成分,但并非没有根据。

技术性可以被视为元素的积极的特征,类似于技术个体中缔合环境所进行的自我调节。在元素水平的技术性是具体化。它使元素真正成为组合所生产的元素,而不是组合本身或个体;这种特性使它可以与组合分离并解放出来,从而构成新的技术个体。当然,仅将技术性归于元素是不能令人信服的。缔合环境在个体层面是技术性的保存者,而在组合的层面是相互交换性的延伸。但是,将技术性一词保留给元素也是恰当的,元素通过技术组合获得了表达以及保存,并传递到新的周期。元素所承载的是具体化的技术现实,而个体和组合虽然包含了这种技术现实但无法传达和传播,它们只能生产或保留,但不能传播。这些元素具有转导(transductive)性质，后者使它们成为技术性的真正载体，就好像种子一样，它们承载了物种的特性并会重塑新的个体。因此，技术性以最纯粹的方式存在于元素中(可以说是在自由状态下)，而在个体和组合中，它是处于拼合(combinaison)的状态。

　　然而，元素作为载体的这种技术性并不具有否定性，在发明(将元素组合在一起来构成个体和组合)过程中，并没有否定性条件的参与。作为个体创造的发明，其前提是发明者对元素的技术性具有直觉的知识。发明是在具体和抽象(即图式)之间完成的。它假设表象的先验存在和一致性，后者涵盖了构成系统和想象动态的象征(symbole，或符号)的技术性。想象力不仅是在感觉之外创造表象的官能。它也有在物体上感知某些非实践性特征的能力。这些特征既不是直接感官的也不是完全几何的，它也和纯物质与纯形式没有关联，而是处于各图式之间。

　　我们可以认为技术想象力是由对元素的技术性的特殊敏感性所决定的。这种对技术性的敏感性允许发现可能的组件(assemblages)。发明者并非从零(exnihilo)开始，并非为一堆原材料提供形式，而是从已经存在的技术元素出发，发现可以将它们纳入其中的技术个体。技术个体中各个元素之间的兼容性需要缔合环境：必须如此想象技术个体，也就是说，应将其构造为一组有序的技术图式。个体是一个将各个元素组织在一起的稳定的技术系统。最终被组织的是技术性以及支持这些技术性的元素，而不是元素自身的物质性。发动机是由弹簧、轴、容积系统构成的组件，每个部分分别由其特性和技术性而不是其物质性来定义。而且，在此类元素或其相对于其他所有元素的定位中，可以有一种相对的不确定性(relative indétermination)。某些元素的位置的选择更多的是基于外部因素，而不是基于与技术物各种操作过程相关的内部考虑。基于每个元素的技术性的内在确定是构成缔合环境的内在确定。但是，缔合环境是所有元素在相互作用中带来的技术性的具体化。技术性可以被视为稳定的行为，表达了元素的特征，而非简单的性质：从最充分的意义上说，它们是力量（puissances），也就是说，以某种特定方式生产或者承受某种特定效应的能力。

元素的技术性越高，这一力量的不确定性程度（marge d'indétermination）就越小。这就是我们要表达的意思，即技术元素的技术性越高，它就越具体。如果我们要以特定用途来描述它，我们也可以称此力量为**容量**（capacité，或能力）。通常，当元素的技术性越高，它的使用条件就越宽，因为它的稳定性会越高。当弹簧能够承受较高温度而不失去弹性，它的技术性便提高了，因为它在更广的机械和热力的范围内仍能保持其弹性系数：从技术上来说，在更广泛的条件下它保持弹簧的功能，而且并入技术个体的限制可以更少。电解电容器 * 的技术性程度比干介质电容器（例如纸或云母）低。实际上，电解电容器具有根据其承受的电压而变化的容量。它的使用热极限更加严格。如果连接到恒定电压，它会同时变化，因为电解液和电极在运行过程中都会发生化学变化。相反，干介质电容器更稳定。但是，技术性的质量又随着特征和使用条件的独立性而提高。云母电容器比纸电容器更好，而真空电容器是最好的，因为它不再受绝缘体的影响而限制使用条件。处于中间的、受温度影响相当小的镀银陶瓷电容器和空气电容器具有很高的技术性。应该注意，从这个意义上说，技术物的商业价格与其元素的技术质量不一定存在关联。很多时候，价格的考虑并非绝对，诸如空间之类的需求可能更重要。因此，当需要使用大体积来容纳电容器时，电解电容器比干介质电容器更可取。类似地，与相同容量的真空电容器相比，空气电容器非常庞大。但是，它便宜得多，并且在干燥的环境中具有出色的操作安全性。因此，在很多情况下，经济考虑并没有直接影响，更重要的是技术物的具体化程度对整体使用影响的考虑。受到经济影响的是个体，而不是元素。技术领域和经济领域之间的联系发生在个体或组合层面，但很少发生在元素层面。从这个意义上讲，我们可以说技术价值在很大程度上与经济价值无关，可以根据独立的标准进行评估。

元素的技术性的传递确立了技术进步的可能，超过了形式、领域、能源的类型,有时甚至是运作图式的明显不连续性。发展的每个阶段都继承着过去,而当它越完美地朝着普遍继承人(légataire universelle)的地位迈进,进步就越确定。

　　技术物不是直接的历史物:它所传递的只是技术性,而它在代际传递之间的作用是转导性的。技术组合或技术个体并不持久,只有元素才能将技术性以一种有效、完整、物质化的形式从一个时代传递到另一个时代。因此,以技术个体作为技术物的典范来分析是合理的,但是必须强调,技术元素在某些进化时刻具有其自身的意义,并且是技术性的保持者。在这方面,我们可以根据技术个体和组合生产的元素来对人类群体的技术进行分析:通常,这些元素本身有能力在文明的毁灭中幸存,并作为技术发展状态的有效见证。从这个意义上说,民族学家的方法是完全有效的。但是我们可以延伸这一方法来分析工业技术生产的元素。

　　的确,没有工业的人口与拥有发达工业的人口之间并没有根本的区别。即使在没有工业发展的人口中,也存在着技术个体和技术组合。但是,这些个体和组合因为缺乏机构来安置和保存它们,所以它们都是暂时的,甚至是偶然的。从一个技术操作到另一操作之间所保存的只是元素,也就是说工具或其他制成品。建造船只是一项需要真正的技术组合的操作:相当平坦的地面,但要靠近河流,被遮蔽的同时要有光照,在建造时要有支架和垫木支撑船只。建筑工地作为技术组合可以是临时的:尽管如此,它仍然要是一个能构成组合的工地。如今,仍然存在着类似的临时技术组合,有时非常发达和复杂,例如建筑工地。还有一些是临时的,但更耐用,例如矿场或石油钻探点。

　　并非每个技术组件都必须具有像工厂或车间般的稳定形式。另一方面,似乎非工业文明与我们的文明的区别在于缺少技术个体。虽然,这些技术个体并不是以稳定和永久的方式存在的。但技术个性化的功能是由人类个体承担的。通过学习,一个人获得习惯、姿势以及行动模式,能够使用各种各样的工具,而整个操作需要他在技术上实现他自身

的个化(s'individualiser)。他成为各种工具的缔合环境。当他掌握了
所有工具的使用时,当他知道何时应该更换工具以继续工作或同时使
用两个工具时,他通过自己的身体来确保任务的内部分配和自我控
制①。在某些情况下,将技术个体整合到组合是通过由两个、三个,或
者更多人组成的团队来进行的。当这些团队不实行职能区分时,那是
因为他们想要增加可用能量或工作速度。但是当他们将功能差异化
时,他们证明了一个以人作为技术个体(而非人类个体)的组合的产生:
古典时期作家所描述的用弓箭钻来钻孔就是这样的。今天我们仍可以
在伐木中看得到这种情况。在不久以前,用来制作木板和椽子的长锯
也通常是这样操作,两个人一起以交替的节奏工作。这就解释了为什
么在某些情况下可以将人的个体性用作技术个体性的支持。技术个体
作为独立的存在是相当新的,甚至在某些方面看起来是机器对人的模
仿,机器是技术个体的最普遍形式。但是,实际上机器与人类完全不
同,即使机器所产生的结果可媲美人类,它所采用的程序与人类的也非
常不同。实际上,这种模仿通常是非常外在的。但是,如果人经常在机
器面前感到沮丧,那是因为机器在功能上取代了他:机器代替了人作为
工具的载体。在工业文明的技术组合中,需要几个人紧密同步劳动的
工作比起过去的工匠时期要少得多。相反,在工匠的水平上,某些作品
经常需要一群具有互补功能的人:例如,为马穿铁蹄,需要一个人握着
马脚,另一个人穿铁蹄,然后打钉。在建筑方面,水泥匠需要学徒的帮
助。要脱粒,必须对节奏结构有充分的感觉,它同步化了团队成员的交
替动作。但是,我们不能说机器仅仅取代了这些辅助,事实上技术个化
的媒介也已经改变了:这种媒介以前是人类,现在是机器。工具由机器

---

①   这也是手工艺高贵的地方:人是技术性的保存者,而劳动是这种技术性的唯
一表达方式。工作的责任反映了这种表达的需求。当一个人拥有技术知识时,这种知
识需要在劳动中才能表达,而不能用智性来表达,拒绝劳动就等于是浪费了才能。相
反,当技术性已成为可以抽象表达的知识,而不需要被实现时,这种表达的需求才不再
和劳动挂钩。

携带，我们可以将机器定义为工具的载体以及指挥者。人指导或规范作为工具载体的机器。他将机器组合成群，但他自己不携带工具。机器很好地完成了核心的工作，那是蹄铁匠的工作而不是助手的工作。人摆脱了技术个体的这种功能（本质上是手工匠的功能），可以成为所有技术个体的组织者，或者成为技术个体的助手：他润滑，清洁，清除碎屑和毛刺，在某些方面起到辅助作用；他为机器提供零件，更换皮带，磨削钻头或车床工具。因此，从这个意义上说，他的角色在技术个体下方，也在技术个体上方：作为仆人和调节者，他负责监督作为技术个体的机器，并留意机器与元素以及组合之间的关系。他组织不同技术层面之间的关系，而不再是像工匠一样自己成为技术层面之一。因此，技术人员的技术专业度不及工匠。

但是，这绝不意味着人不能成为技术个体并且与机器一起工作。当人通过机器将其动作作用于自然世界时，就实现了这种人机关系。那么，机器就是行动和信息的载体，这种关系可以理解为三个词：人，机器，世界。机器在人与世界之间。在这种情况下，人通过学习保留了某些技术性特征。机器本质上就有继电器和运动放大器的作用，但人仍然保持自己作为这个复杂的技术个体的中心，而后者是人与机器构成的现实。可以说，在这种情况下，人是机器的载体，而机器是工具的载体。因此，这种关系可部分地与机器-工具的关系相比，如果机器-工具指的是不包括自我调节的机器。在这种关系中，人仍然处于缔合环境的中心。机器-工具是一种没有内部自我调节的机器，需要人来操作。人在这里作为生命体介入，他使用自身的自我调节意识来操作机器，而这必要性并没有有意识地提出来：人让过热的汽车发动机"休息"，然后重新从冷却的状态启动，以在一开始并不过于耗力。这些行为在技术上是合理的，在重要的调节中具有相关性，并且是驾驶员所经历但没仔细思考的。它们应用在接近具体存在的技术物上（也就是说功能包含着稳态调节的技术物）是很有效的。实际上，具体化的技术物有一个机制可以减少自毁的可能性，因为稳态调节的规则被尽可能完美地执行。

柴油发动机就是这种情况,它要求有稳定的工作温度,要求转速的最小和最大值相当接近,而汽油发动机则更加灵活,因为它具体化程度较低。同样,电子管不能在阴极的任何温度下或在不确定的阳极电压下工作。特别是功率管,阴极温度太低会导致电子发射氧化物颗粒脱落。因此,需要逐步启动,首先是在没有阳极电压的情况下加热阴极,然后再给阳极供电。如果偏置电路是自动的(由阴极电流提供),则必须通过阳极的逐渐供电来产生电压。如果没有这种预防措施,在极化达到其正常水平之前,会有一段很短的时间存在阴极流(由该电流产生并与之成正比的极化趋向于限制它):阴极流因为尚未受到此负面反应的限制,将超过最大允许值。

通常,人们为保护技术物而采取的预防措施的目的是,使其在不自我破坏的情况下维持或发挥其功能,也就是说,在它对自身施加稳定的负反馈的条件下。当超出一定限度时,会变成正反馈,因此具有破坏性。类似的情况是发动机过热,开始卡住,并且由于卡死而使热量继续增加,从而导致不可逆转的损坏。类似地,当电子管的阳极变成红色,它将失去其不对称的导电性,特别是在整流功能方面:它进入正反馈阶段。如果足够早地让它冷却,它将可以恢复正常操作。

因此,在没有技术个体的时代,人可以作为技术个体的替身介入,将元素连接到组合。

在思考技术发展对人类社会发展的影响时,必须首先考虑到技术物个化的过程。通过技术个体的建造,人类个体性越来越脱离技术功能。对于人而言,他所剩下的功能在工具载体的功能之下和之上,即元素水平以及组合水平。在过去,机器缺乏个体性,技术劳动中使用的正是人的个体性,因此人必须自我技术化,每个人都习惯了在劳动中的单一功能。这种功能性一元论是非常有用和必要的。但是它正在制造出一种不适感,一直在寻求成为技术个体的人们如今不再在机器周围拥有稳定的位置:他成为机器的仆人或技术组合的组织者。现在,为了使人的功能有意义,从事技术工作的每个人都必须从上到下包围机器,理解机器，并照顾好机器的各元素及其与功能组合的整合。因为在对元素的关照和对组合的关照之间进行等级区分是错误的。技术性不是分等级的现实，它完全存在于元素中，并在技术个体和组合中进行转导式的传播：组合包含个体，个体包含元素，而个体也由元素产生。组合的明显优越性源于这样一个事实，它们得益于作为指挥的人所拥有的特权。实际上，这些组合并不是个体。类似地，这些元素的贬值是由于以下事实：在以前，这些元素的使用主要是辅助人，而且并不十分精细。因此，人与机器关系相对应的不适是由于以下事实：人一直担任技术个体的角色，但他现在不再是技术存在，人被迫学习新的功能，但他在技术组合中再也找不到作为技术个体的位置。他负责的是两个非个体的功能，即元素的功能和指导组合的功能。但是在这两个功能中，人发现与自己的记忆有冲突：人在以往扮演了技术个体的角色，以至于现在成为技术个体的机器就好像人一样，并取代了人的位置；事实上，在真正的技术个体出现之前，人只是暂时地替换了机器。在对机器所做的所有判断中，都隐含着一种机器的人性化，它正是这一角色转变的深层渊源。人因为一向视自身为技术个体，以至于认为技术物的具体化开始不适当地扮演了人的角色。奴役和解放的思想与人作为技术物的旧地位的联系太紧密，以至于不能反映人与机器之间关系的真正问题。必须了解技术物本身，以使人与机器之间的关系变得稳定和有效：因此我们需要一种技术文化。

图片列表

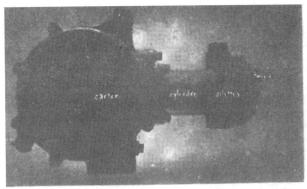

1. moteur P.F. ancien (quatre temps, volant dans le carter), le carburateur a été enlevé de la tubulure d'admission

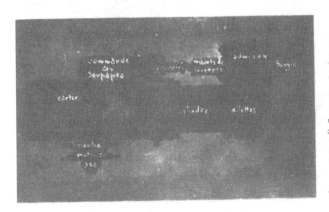

2. moteur P.F.; noter la distance entre la culasse et les sièges des soupapes, de type latéral. Le point d'allumage est loin de la culasse, ce qui retarde l'onde explosive.

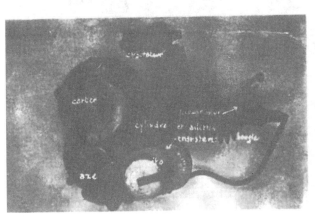

3. moteur Zurcher (deux temps); le carter servant à la précompression, est réduit. Le volant devient extérieur; la bougie est près du point mort haut du piston.

图 1

5- [Cylindre P.F. isolé.
  [Cylindre Zürcher isolé.

7- Moteur de motocyclette
Norton "Manx".

8- Moteur "Sunbeam": le développe-
ment des ailettes, à gagné le carter

6- Moteur Solex à allumage par
volant magnétique: le développement
ailettes ne dépend pas de la puissa

图 2

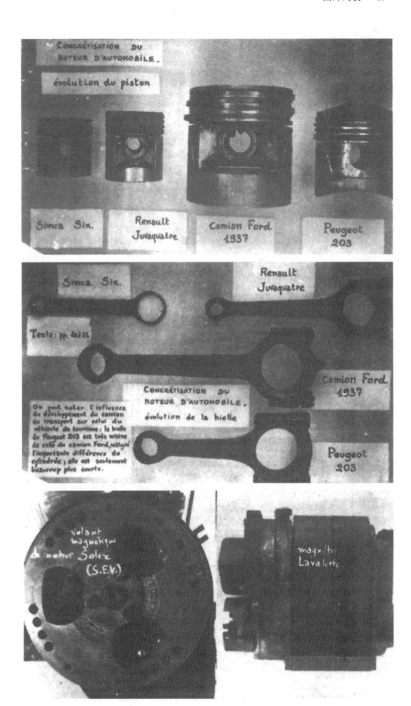

图 3

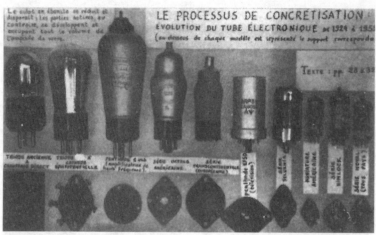

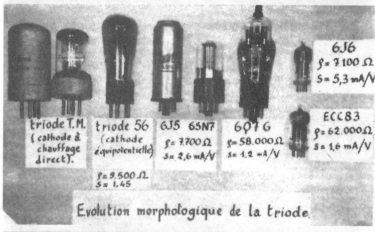

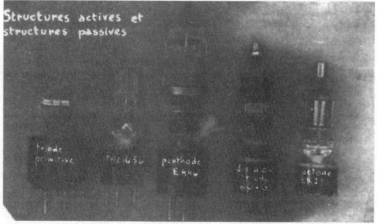

图 4

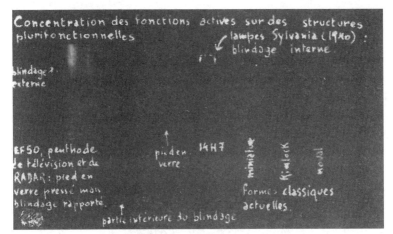

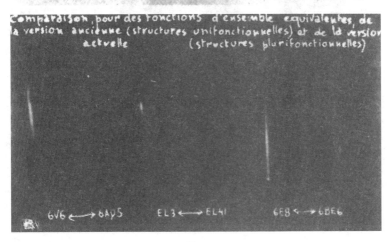

图 5

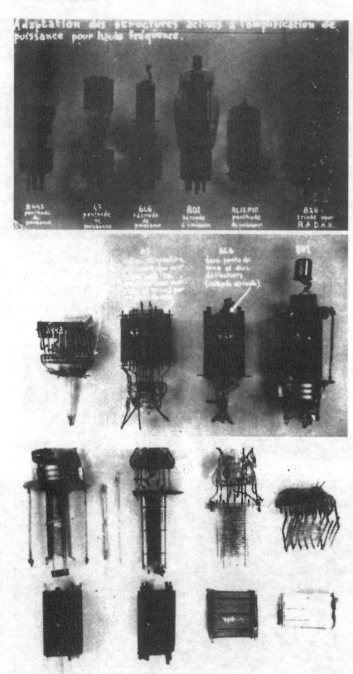

图 6

图 7

图 8

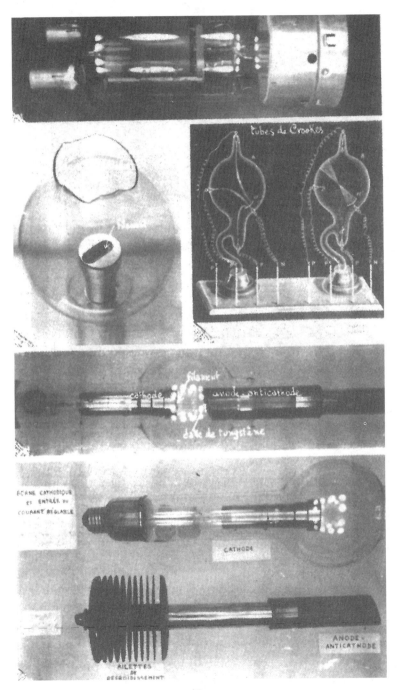

图 9

图 10

图 11

图 12

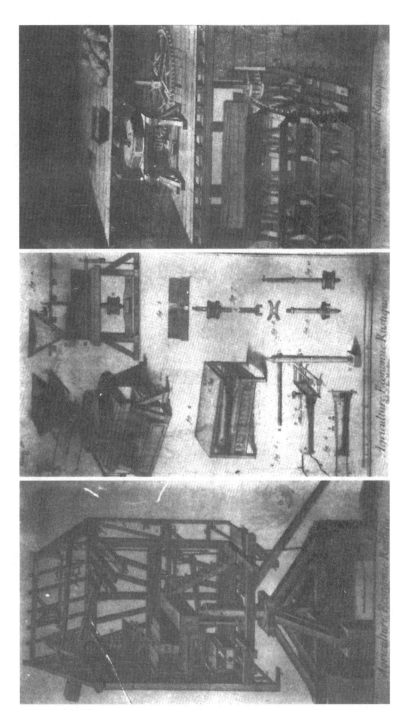

图 13

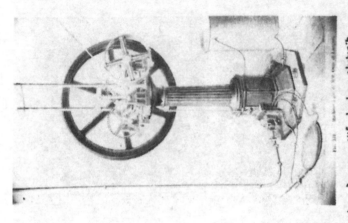

moteur à gaz primitif, de type abstrait,
sans bielle ni manivelle (à crémaillère), d'après
Privat-Deschanel.

L'électromoteur de Bourbouze copie la
machine à vapeur de Watt; celui de
Froment est plus concret (schème
rotatif); la véritable invention est celle
de Gramme.

vue perspective et coupe de la machine de Gramme, d'après
Electrical Engineering

图 14

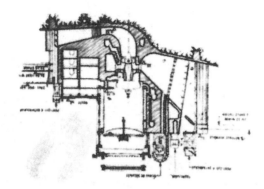

type d'usine de basse chute : coupe de l'usinede
Donzère - Mondragon

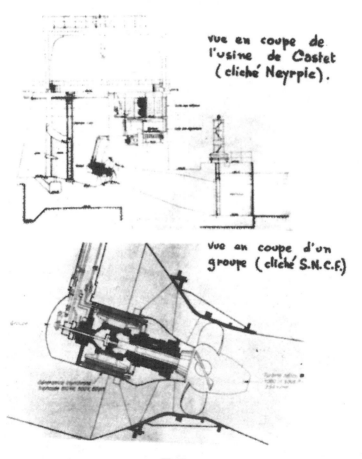

vue en coupe de
l'usine de Castet
(cliché Neyrpic).

vue en coupe d'un
groupe (cliché S.N.C.F.)

图 15

第二部分

人与技术物

第三章　人与技术世界关系的两种基本方式

一、技术的社会性成年和幼年

我们想要指出技术物能以对立的方式与人连接：分别是根据成年和未成年的地位。根据未成年的地位，技术物首先是来使用的，它是日常生活的必需品，同时构成了人类成长的环境。人和技术物的邂逅在儿童时期就开始。这种技术知识是隐含的、非反身的、习惯性的。成年的状态所指的刚好相反，是成年人有意识和反身性的操作，因为他们掌握了科学所提供的理性解释和阐述。学徒长大后成为工匠或者工程师，进入了社会的关系网络之中，保留并且投射了他们对技术物的愿景，这分别相对于我们提到的未成年和成年的状态。这是对于技术物的描绘以及判断的两种很不同的来源。然而，工匠以及工程师并不只是为自己而生存，他们是人类社会以及技术物世界之间关系的见证者和代理人。他们有特别的价值：通过他们，技术物被整合到文化中。直至今天，这两种整合的方式无法产生一致的结果，就好像两种语言和两种思想，它们同样来自技术，但彼此之间并不协调。这种不协调的部分结果是，文化对技术物与人之间的关系的判断以及想象出现了矛盾。

成年和未成年、多数和少数的观点之间的冲突，只是一直存在于

（个体或社会的）人与技术现实之间的一个特别例子。在古代，技术操作很大部分都被拒绝在思想之外：因为这些操作相应于奴隶的劳动。正如奴隶被流放于城邦之外，与之相应的劳役以及技术物也被拒于论述、思想、文化之外。只有诡辩士，某种程度上还有苏格拉底，才花费气力将奴隶的技术实践带进贵族思想。成年人只和某些操作相关，例如农业、捕猎、战争、航海。工具使用的技术被视为是在文化以外的（西塞罗用的所有隐喻几乎都是跟贵族艺术相关的，特别是农业和航海，但他很少提及机械）。

　　如果我们要追溯到更远，我们总能找到一些文明，它们要在贵族和非贵族技术之间做选择。希伯来民族的历史倾重于牧业，并视土地为被诅咒的。上帝喜欢亚伯（Abel）的献品更甚于该隐（Caïn）的：牧民的地位比农民高。圣经里面可以找到很多关于牧群繁殖的不同思考模式和范式。相反地，福音则引进了关于农业的思想。或许在神话以及宗教的起源，我们可以找到一些技术，它们被视为高贵的，而另外一些技术则被拒于城邦之外，就算后者也同样被使用。因为在成年技术和幼年技术、有价值的技术和被贬值的技术之间的原初选择，造成了将技术模式吸收在其中的文化的局限性，而不是普遍性。我们的研究并不是要在每一个例子里面去发现到底这个选择是基于什么原因和方式出现的，而只是想要指出人类思想必须要不带偏见地保持人和技术的平等关系。这个工作还有待完成，因为技术主导的现象，也就是说每个年代总有一些技术被文化承认，而另外一些被否认，维持了人类现实和技术现实之间不完整的关系。

　　欧洲废除了奴隶制，使古老的被埋没的技术得以曝光，并以清晰的思想体现出来：文艺复兴时期更赋予手工技术以理性的光华。理性力学将机器带入数学思想的领域：笛卡尔计算了古代奴隶使用的简单机器中运动的转换。这种理性化的努力，意味着将技术融入文化，一直持续到18世纪末。但是尽管如此，仍然无法保持技术的统一性。一个逆转在内里发生，它将高贵的古老技术（农业和畜牧业方面的技术）制压到非理性、非文化领域里。技术与自然世界的关系已经丢失，技术物已经成为将人类与世界隔离的人造物。今天，我们几乎看不到一种可以将受生物所启发的技术思想与制造自动机的人工思想汇聚在一起的方法。机械技术只有通过成为工程师设计的技术（而不是保留工匠的技术）才能真正成为多数，才能真正占主导地位。在手工水平上，世界与技术物之间的具体关系仍然存在；但是工程师思考的是抽象的技术物，它与自然世界没有关联。为了使文化整合技术物，应该在技术物的成年与幼年地位之间找到一条中间路径。文化与技术之间的脱节来自技术世界自身存在的脱节。为了发现人与技术物之间的适当关系，有必要通过结合工匠和工程师的形象来发现技术世界的统一性。工匠的形象被淹没在混凝土中，掺和在物质操作和感知存在中，被他手中的对象所主导。而工程师的形象则是强而有力，他将对象变成一堆被度量的关系、产品和特征。

因此，将技术物整合到文化中的第一个条件是要认识到，人类既不逊色于技术物也不比技术物优越，他可以接近它们并通过与它们保持平等的关系来认识它们，交换互惠：某种程度上说是一种社会关系。

不同技术模式之间的兼容性或不兼容性值得分析。也许我们可能发现罗马人的技术与当今文明社会正在发展的技术之间的兼容性。然而我们也许也能发现 19 世纪的技术条件与 20 世纪中叶的技术条件之间存在真正的不兼容之处（虽然不是很明显）。我们可以将两种不兼容的技术范式的相遇所产生的神话带回到它们的初始状态并进行分析。

二、儿童学习的技术和成人思考的技术

如果不思考技术物在成年人和儿童之间的关系的差异，就无法研究技术物在文明中的地位。即使现代社会的生活使我们习惯于认为儿童和成人的生活之间存在连续性，但技术教育的历史很快向我们表明

这种差异,儿童和成人获取技术知识的方式截然不同。我们在这里无意陈述规范性规则,而只是想指出技术教学的特征随着时间的推移发生了很大的变化。这些变化不仅是由于技术和社会的转变,而且跟学习的年龄有诸多的关联。我们可以在这里发现技术状态与知识获取年龄之间的循环性因果关系。如果一项技术(几乎没有被理性化)需要极早地开始学习,那么即使该儿童长大了,其技术知识也将保持基本的非理性。他将通过习惯性的浸淫来拥有这些知识,也因为这些知识是他很早就获得的,它会深植在他身上。因此,该技术人员的知识不以清晰表示的图式为基础,而是依靠几乎本能地掌握的手法,就好像他的第二自然,即习惯。他的科学将在感官和性质的表象层面上,非常接近物质的具体特征。这个人将被赋予对世界的直觉和默契,这将使他具有非凡的技能,后者只表现在劳动中,而不在意识或言语中。工匠将像魔术师一样,他的知识将比知识分子更具操作性(opératoire)。这将是一种能力,而不是一种知识;从本质上讲,这种能力对其他人是秘密的,而对他自己的意识来说也是秘密的。

即使在今天,在农民或牧羊人中仍然发现了这种技术上的潜意识的存在,它并没有通过反思活动得以明确表达。他们能够直接掌握种子的价值,土地的营养,种植或建造公园的最佳地点(以使其获得庇护和良好位置)。这些人是名正言顺的专家:他们分享所知道事物的生命本质,他们的知识是深入的、直接参与的知识,这需要原始的共生关系,包括一种对世界带有兄弟情谊的博爱。

人在这里的举止就像一只闻到远处有水或盐味的动物一样,知道如何在没有事先推理的情况下立即选择巢穴的位置。这种参与的本质是本能的,只有在经历数代人之后,当适应了生活节奏,知觉条件以及应对稳定的自然活动所必需的心理结构时才出现。霍夫曼(Hoffmann)在一个非常引人入胜的故事《雷矿》(*La Mine*)中,描述了矿工类似的直觉能力。他能察觉危险,并且知道如何在最隐蔽的矿脉中发现矿石。他生活在与地下自然的一种共生关系中,这种共生关系是如此之深远，以至于它排除了任何其他感觉或依恋。真正的矿工是地下人。一个掉进矿井而不爱它的人，像故事里这个流浪的水手，因为爱上了一个年轻女孩而勇敢地承诺在矿井工作，并不会发现这种本质。婚礼的第二天早上，他将成为受害者。这里并没有道德上的问题。年轻的水手充满了优点和美德。但他是一个水手，而不是矿工。他对矿井一无所知。一位老矿工的幽灵警告他，让他逃离危险，因为矿山并不接受入侵者。入侵者是来自外部，来自另一种职业、另一种生活，因而缺乏参与的力量。因此，在农民、牧羊人、矿工、水手中的人性被赋予了第二自然，这就像与某东西或某地方的祖传契约一样。很难说这种参与感是在早年获得的，还是遗传的。但是仍然可以肯定的是，这种由直觉和纯粹具体的操作方案构成的技术训练，很难通过任何口头或形象的符号来表达和传播，它是属于儿童的。出于同样的原因，它很难进化，成年后很难被改变：实际上，它不是概念上或科学上的，不能通过口头或书面的象征方式来加以修改。

这项技术教育是严格的。认为这种技术教育肯定不如使用智力符号进行的教育是完全不适当的。本能训练产生的信息量可以与符号、图形、图表或公式中明确解释的知识所包含的信息量一样多。将习惯与科学对立太容易了，前者同样可以是进步的。原始性不能与愚昧相混淆，如概念化之于科学。但重要的是要注意，这种技术知识是死板的，人不能重新成为孩子去获得新的基本直觉。这种技术形式还具有第二个特征：启蒙性（initiatique）和排他性。的确，正是通过在一个已经具备稳定劳动模式的社区中成长，孩子才获得了他的基本直觉。那些外来者最有可能被剥夺了这种参与，因为参与需要生活必须的条件，而这些条件首先是教育。毫无疑问，将旧技术的封闭归因于社会集体生活的封闭是不恰当的：实际上，这些社会知道如何开放，如直到19世纪末奥弗涅（Auvergne）的农民临时或季节性地移徙到巴黎所表明的那样。在这种情况下，技术本身对应于封闭的生活制度，因为技术教育仅对构成它的社会有效，并且是唯一对这个社会有效的。历史学家似乎倾向于以一种非常抽象的方式,从纯粹的社会学角度来看待古代行业的入门仪式。人们常认为儿童获得技术知识需要考验;但考验不仅是一种社交仪式,而且还是孩子成为成年人的过程,前者通过驯服世界,在危急情况下与之相处并取得胜利。考验中有一定程度的魔力,这是孩子第一次成为成人,也是他第一次利用他所有的力量达到极限。在与世界和物质的这种危险的混战中,如果他变得虚弱或自卑,他将可能削弱行动的有效性。如果不能克服敌对的自然,人就不可能成为一个完整的成年人,因为人与自然之间已经出现了鸿沟。考验是技术物对人终身所下的魔法。这涉及一种操作,它使物质驯服于它的主人,就像动物从第一次被驱驰开始变得温顺。如果错过了第一个姿势,动物将反抗并保持凶猛状态。它将永远不会再接受这个主人,因为直接接触中断了,所以它将永远没有安全感。在考验中,一个要么全有要么全无的法则显现出来。人与世界都在改变,并建立了不对称的结合。不应说考验是一种纯粹的测试,只为显示勇气或技巧。它创造了这些特质,因为勇气是由与世界的直接而坚定的联系构成的,它消除了所有的不确定性和犹豫。恐惧不是被勇气克服,而是被直觉所延缓,这种直觉让世界与行动中的人融合在一起。有熟练技巧的人是世界所接受的,也是物质所钟爱的,后者服从他就好像动物之于主人。技能是力量的一种形式,力量假设了一种可以使力量交换成为可能的咒语,或者一种比起咒语更原始、更自然的参与方式,它已经非常精细,但仍保留部分抽象。从这个意义上讲,技能不是暴力专制的行使,而是与其领导的存在一致的力量。在熟练人员的力量中,存在循环性的因果关系。真正的技术人员喜欢他所用的材料,与之贴身相处。他被接受,也尊重所接受他的。当他驯服物质之后,与之形成了耦合的关系,他有保留地将它交付给世俗,因为他有一种神圣的感觉。如今,工匠和农民仍然不愿将某些能表达其最精致和完美的技术活动的作品或产品带到市场:这种有别于商业性或公开性(divulgation)的行为可以在印刷商、出版商和作者所特别制作的非卖品中看到。这也体现在比利牛斯山脉的农民身上，他为来访者在家中提供了某种他不容购买或带走的食物。

因此，这种技术的秘密和不变的性质不仅是社会条件的产物；它生产了群体的结构，而这一结构也是它自身的条件。可能任何一种技术都必须在某种程度上具有一定的直觉和本能系数（coefficient），后者对于在人与技术存在之间建立适当的交流是必需的。但是，除了技术教育的第一个方面之外，还有第二个方面，它是前者的反面，主要针对成年人。跟前者一样，它对个人和集体都有动态的作用，使其具备成年人的心态。

第二类技术知识是理性的、理论的、科学的和普遍的知识。狄德罗和达朗贝尔的《百科全书》提供了最好的例子。如果《百科全书》看上去像是一部强大而危险的著作，那不是因为它间接或直接攻击某些滥用或特权的行为，也不是因为某些条文很"哲学"；比起百科全书更暴力的宣言和小册子多不胜数。但是《百科全书》之所以强大，是因为它是由一种庞大的力量驱动的，即技术百科全书主义（encyclopédisme technique）的力量，这种力量使它与强大而开明的保护者和解。这种力量独立存在，因为相对于政治或金融改革，它对时代需求的响应更显著。这种力量具有积极性和创造力，并产生了杰出的研究人员、编辑、通讯团队，给予由这一群人组成的团队以信念。他们之间的联系是合作而不是基于团体或宗教认同。他们完成了一项巨大的工作。《百科全书》的伟大之处在于它的新颖性，这是机器原理图和模型的主要特色，也是对行业和对技术操作的理性知识的致敬。但是，对于希望满足其好奇心的观众来说，这些印版没有沉闷的纯粹的文献记录。它们的信息足够完整，足以重构成可用的实用手册，以使拥有《百科全书》的任何人都能够制造出书中所描述的机器，或者通过发明来提高该领域的技术水平，并基于前人的成果来进一步研究。

这种新的教学方法和结构与前一种教学方法相反：它是理性的和双重普遍性的。这就是它是成年的原因。它是理性的，因为采用了测量、计算、几何图形化和描述性分析的方法。它是理性的，也因为它要求客观的解释，引用实验的结果，并关注条件的精确陈述，将推测的视作假设，将成立的视作事实。这不仅需要科学的解释，而且需要科学精神的明确品味。另一方面，无论是针对受众还是提供的信息，这种教学都是双重普遍性的。虽然所教授的是高水平的知识，但它是针对所有人的，即使书的价格限制了购买的可能。《百科全书》以最高的普遍性精神来提供这种知识，它的循环性模式并不会因其专业秘密而导致封闭的技术操作，而是强调与其他操作之间的联系，使用模拟的设备以及基于小量的原则。我们第一次看到了技术宇宙（univers technique）的创建，这是一个宇宙（cosmos），其中所有事物都关联在一起，而不是受限于某团体。这种一致和客观的普遍性以这种技术世界的内部共鸣为前提，要求作品对所有人开放，并构成物质和知识的普遍性，是可获得和开放的技术知识。该教学假设一个成年人，能够指导自己并能够自己发现规范，无需由他人来指导：自学成才的人必然是成年人。一个自学成才的社会不能接受监护（tutelle）和精神上的未成年。它渴望独自做事，自我管理。正是在这种意义上，凭借其技术权力，《百科全书》带来了新的力量和新的社会动态。百科知识的循环性因果排除了旧政权（Ancien Régime）社会的道德和政治异质性。技术世界在实现统一时会发现自己的独立性。《百科全书》是首次发现团结性的技术联邦庆典（Fête de la Fédération）。

三、幼年和成年技术的共同性质。《百科全书》的意义

我们将尝试分析百科全书精神与技术物的关系，因为它似乎是技术意识的两极之一，在其历史意义外，还对技术性知识有价值的意义。我们在前面将儿童的技术教育的内在的、本能的和魔术的性质与《百科全书》所发现的相反的特征进行了对比。但是这种对立有可能掩盖了这些技术知识结构化中的动态之间深刻的模拟。百科全书体现并推动

了技术的基本动态的某种逆转。但是，这种逆转的发生可能性是因为操作没有被否定，而是以某种方式被置换或被颠倒。《百科全书》同样操纵和转移力量与权力。它也实现了某个咒语（envoûtement），并画了一个像魔术圈一样的圆圈。只是，它不是以与本能知识的考验相同的方式施咒，它置于知识圈内部的现实也与后者不同。置于圈内的是带着隐晦的力量和权力的人类社会，后者已成为巨大的力量，能够包容一切。圆圈是代表和构成书本的客观现实。百科全书中所描绘的是个体的力量，它描绘了人类一切活动的最秘密的细节。《百科全书》实现了启蒙或入门（initiation）的普遍性，从而产生了某种意义上的启蒙的爆炸式扩散。普遍客体性的秘密保留了秘密概念中积极的意义（知识的完美化，对神圣的理解），但去除了消极的特征（晦涩，神秘主义用以排斥的手段，仅为少数人拥有的知识）。技术成为一种外在的神秘主义。① 百科全书是一个圣像（voult），它的模型更精确、更如实、更客观、因此更加有效。所有活跃的泉源、人类活动的所有生命力量都聚集在这个象征性之物中。每个只要具有阅读和理解能力的人都可以拥有世界和社会的圣像。神奇的是，每个人都是万物的主人，因为他们拥有万物之圣像。曾经一度笼罩并高于个人的宇宙，受某些人的权力约束的社会圈子，如今已掌握在个体手中，就好像皇帝所拥有的象征着世界主权的地球仪。《百科全书》的读者的力量和安全感，与在野外将动物驯服之前先攻击动物雕像的人以及在土地上撒下种子之前先进行崇拜的先民相同，或者像《奥德赛》里头所描述的，一个旅行者在踏上新土地之前，需要以某种建立共融关系的方式来示好。② 启蒙（或入门）教育的姿态是与尚未被驯服和占有的现实的和解。出于这个原因，任何启蒙教育都是成年的过程。

---

① 对原始魔术的有效性的部分感觉已成为对进步的无条件的信念。现代所有的事物几乎都具有超自然的效率。现代感包含着一种信念，它相信某特殊对象（*objet privilégié*）具有无限和通用的力量。

② 尤利西斯（Ulysse）接近菲亚斯岛（Phéaciens）时进行的占有土地的仪式。

因此，根据心理社会学的角度，百科全书精神的任何体现都可以作为一种来自背景（或基础）的运动（mouvement de fond）而出现。该运动表达了在社会中建立一个成熟和自由的国家的必要性，因为政权或思想传统监管着个体，并将他们人为地保持在未成年状态（en état de minorité artificielle）。自从中世纪以来，我们在思想史上了解到三次通过扩大知识界和释放知情权而从少数走向多数的意愿。百科全书精神的第一个体现是文艺复兴时期，它与宗教改革即伦理和宗教革命是同一时代的。如果想要从拉丁文圣经回归到对真正圣经的诠释，寻找希腊文原本而不是糟糕的拉丁文翻译，超越经院僵化的教条来理解柏拉图，那就是要拒绝对思想和知识的任意限制。博学不是仅仅回到过去，而是扩大知识范围，重新发现所有的人类思想来摆脱知识局限。

文艺复兴时期的人文主义绝不是为了限制和规范知识而寻找固定的人类形象的愿望，就像古代研究的衰落导致今天人们信以为真的那样。人文主义首先是对百科全书式活力（élan）的回应。但是，这种冲动转向了已经被正规化的知识，因为技术的发展水平还不够高，不足以使该领域的教育迅速成熟。尤其是科学并不太发达，而普及技术的知识手段还未就绪。到了 17 世纪，《百科全书》带来了技术的普遍化。但是，应该指出的是，从文艺复兴时期开始，人们对技术表现出了极大的善意。它们要么被视为一种表达的范式和方式，①要么因其开辟了对人类有价值的新道路。拉伯雷对王室大麻（Pantagruélion）②的赞颂重新凝聚了文艺复兴时期人们的希望，以及他们对技术的"美德"的信念。有赖于技术，人类也许有一天能够"到达天体"，如从旧世界过渡到新世界那样。

第二个百科全书阶段是启蒙运动时代。科学思想被解放出来，但

---

① 见《法语的辩护和论证》。拉伯雷（Rabelais）和蒙田也使用了许多跟行业相关的术语。

② 译注：拉伯雷赋予大麻的名字，因为 Pantagruel 代表法国国王，并且曾经悬挂过麻绳，pantagruélion 代表了王室的权利。

技术思想并非自由;科学思想解放了技术思想。随着技术渗透进商业、农业、工业等社会的各个方面,这种技术百科全书主义也必然成为社会和行政改革的关键。诸如大学院(Grandes Écoles)之类的机构就是出于百科全书的精神而诞生的。按定义,百科全书从工业方面看是理工的(polytechnique),从农业方面看是重农主义的(physiocratique)。由于百科全书式的理性化允许工业领域进行更敏锐的转变,因此工业方面的发展比农业方面的发展更快,这得益于 18 世纪末的最新科学发现。然而,这种不对称的发展不应掩盖技术百科全书精神的最重要的组成部分,即个体与动植物世界、生物自然的直接联系。"耕种"技术并没有只留给古代农奴的后代,它对于社会杰出人物也很有价值。这是"田园小说"的时代,像陶本顿(Daubenton)一样凭坚强不屈的精神为牧羊人书写的时代。这是一本受欢迎和高度普及的读物的原型,它收集了旧的教学方法的传统,并通过几乎也适合文盲的图式化的方式赋予了它们新的生命。这本美丽的书的精髓在于版画,与《百科全书》一样清晰而富有表现力。应当指出,实际上,技术需要口头以外的表达方式。口头表达使用已知的概念,并且可以传递情感,但是很难表达运动模式或物质结构。适合于技术操作的象征是视觉象征,它具有丰富的形式和比例。语词的文明让位于图像的文明。但是,语词的文明在本质上比图像的文明还要具排斥性,因为图像在本质上是普遍的,不需要事先的意义编码。任何口头表达都趋向于成为启蒙式的。它专门致力于实现一种加密语言,旧的同业工会的行话就是一个明显的例子。一个人必须是封闭式团体的成员才能理解口头或书面语言。相反,仅以视觉便足以理解示意图。有了示意图,技术百科全书主义才能发挥其意义和传播力,从而真正成为普遍。印刷厂通过发行而诞生了第一本百科全书。但是这种百科全书只能达到已经被文化所认可的反思性或情感性的意义。通过文字,个人到个人之间的信息传递会绕过作为社会机制的语言。印刷文字需要通过视觉信号来传达口头信息,具有这种表达模式的诸多限制。以口头表达为主的百科全书,需要所有现代的和古代的语言来支持。这种拥有，或者至少是对这种拥有的努力，是文艺复兴时期的意义的一部分，但实际上仍然是人文主义者和学者的特权。通过口头或书面语言来传播的文化都没有直接的普遍性。也许正是由于这个原因，尽管它倾向于造型和图形表达方面（特别是在艺术领域），文艺复兴仍然无法达成技术的普遍性。印刷是传播空间化图案的能力，它在版画中找到了充分的意义。然而，象征性的雕刻（例如盾形纹章）被用作清晰地翻译结构和操作思想的方法，摆脱了任何返回口述表达的愿望，在 17 世纪出现并全面发展，例如，它表现在笛卡尔的论文中。它从几何学的运用中汲取了表现力和精确度，已经准备好作为普遍技术的充分象征。

最后，百科全书思想的第三个阶段似乎已在我们时代宣布到来，但它仍未成功形成普遍的表达模式。口述象征主义的文明再次击败了空间、视觉象征主义文明，因为新的信息传播方法主要靠口头表达。因为要将信息转换为打印和运输的对象时，发现的思想（pensée découverte）和表达的思想（pensée exprimée）之间的延迟与书面信息和图形信息之间的延迟是相同的。印刷商甚至更喜欢图形信息，因为它必然使用空间形式。图案不需要翻译成其他形式，而文字则需要将时间性的序列翻译成空间序列，然后再转换为阅读。相反，在通过电话、电报或赫兹广播发送的信息中，传输方式需要将空间图式转换为时间序列，然后再转换为空间图式。特别是无线电广播，直接适用于口头表达，并且很难适应空间图式的传输。它赋予声音首要地位。空间信息在昂贵或罕有的领域被拒绝，因为它总是慢于口头信息，后者因为逐步变得重要（vital）[①]而获得价值。但是，就信息的价值而言，文明是由一种潜在的范式指导的。这种范式再次成为口头表达。根据口头语义，思想再次展开。人际关系活跃的存在靠的是动词的顺序。电影和电视确实存在。但是，我们必须注意，由于图像的动态性，电影是运动性、戏剧性的

---

① 或社会性。

动作,而不是同时性的图像,也不是对可理解且稳定的形式的直接表达。在电视第一次传输图像尝试之后,电影完全排挤了前者,并强加给它图像的动态性,今天它给电视带来了沉重的负担,使其成为电影的竞争者和模仿者,无法发现自己的表达方式,只被当作一种娱乐手段来奴役公众。电影的影像运动充满催眠作用和节奏感,让个体的反身能力不堪重负,以使他处于审美参与的状态。电影是按照使用视觉术语的时间序列进行组织的,它是一门艺术,也是一种表达情感的手段。影像是它的单词或句子,不是包含由个体来分析的结构的**对象**。它很少成为固定和闪亮的象征。另一方面,电视可能会成为当代人类生活的一种信息手段,而电影是无法做到的,因为电影是固定和被录制的,它所包含的一切都是过去。但是,由于电视要具有动态性,必须将每个图像的所有点转换为一个时间序列,且时间要与电影中每个静态图像的投影时间一样短。因此,它先将图像分为几部分,并将动态转换为静态。然后,在传输每个静止影像的过程中,它将静止影像的同时点转换为时间序列。到达目的地后,每个时间序列都会转换为固定的空间图像,这些固定图像的快速排序会重新生成运动,就像在电影中一样,这是运动感知的特性。这种双重转换导致需要传输大量信息,即使是结构极其简单的影像也是如此。实际上,对于观看主体有趣且有意义的信息量与技术上使用的信息量(相当于每秒数百万个信号)之间没有通用的量度。这种信息的浪费使电视无法给人以灵活、忠实的表达方式,并妨碍构成真正的普遍视觉象征。广播跨越国界线,而视觉信息往往仍然与群体生活联系在一起;在这些条件下,它无法获得应有的价值。然而编码系统可用于在阴极射线示波器屏幕上记录计算器的操作结果,或用于在相同类型的屏幕上显示电磁检测信号①,这些研究似乎能够大大简化通过广播频道传输示意图的方式。视觉信息将重新获得相对于语

---

① 特别是在 R. A. D. A. R. 中,无线电检测和测距(通过无线电波定位和测量距离)。

音信息丢失的位置,并能够孕育出一种新的普遍象征。

现在,百科全书的意向开始通过机器理性化的倾向以及通过机器和人共有的象征主义在科学和技术中得以体现。由于这种象征意义,人与机器的协同作用成为可能,因为联合行动需要一种沟通方法。而且由于人不可能有几种类型的思想(任何翻译都意味着信息的丢失),因此,在人与机器的这种混合关系上,必须出现一种新的普遍象征主义,它与普遍百科全书主义具有一致的模型。

控制论思想已经在信息研究中提出了像"人类工程学"那样的理论,来研究人与机器之间的关系。现在,我们可以想象基于技术的百科全书主义。

像前两种一样,这种新的百科全书主义必须实现一种解放,但是意义不同。它不可能是启蒙时代的翻版。在 16 世纪,人类被刻板的思想所奴役。在 18 世纪,他受到社会僵化的等级制度的限制。在 20 世纪,他是依赖未知和遥不可及的力量的奴隶,他既不了解这些力量,也无法对它们作出反应。奴役他的是孤立,信息缺乏同质性导致了异化。他在机械化的世界中①成为机器,如果他想要重获自由,就只能肯定自身的角色,以对技术功能的普遍性思考来超越它。如果人文主义可以被理解为将人从异化带往自由的意志,以至于人类没有什么对自身是陌生的,那么所有的百科全书主义都是人文主义。但是人类现实的这种重新发现可以朝着不同的方向进行,每个时代都在某种程度上重新创造一种人文主义,它在某种程度上总是响应自己的处境,因为它针对的是文明所包含的或产生的异化的最严重的面向。

文艺复兴时期定义了一种人文主义,能够弥补由于道德和知识教条主义而造成的异化。它旨在恢复理论知识思想的自由。18 世纪想重新发现人类思想应用于技术的意义,并以进步的观念来重新找到(在

---

① 现在的人有强烈的倾向成为机械和工具的载体,因为他在机器出现之前的几个世纪中都在扮演这个角色。那时有以工具形式存在的技术元素,以车间和工地的形式出现的技术组合,但没有技术个体,后者在今天以机器的形式出现。

发明中的)创造力的连续性的高贵。它定义了面对社会抑制性力量时，技术主动性的权利。20世纪寻求一种能够补偿另一种形式的异化的人文主义，这种异化是由于社会所要求和产生的专业化介入技术内部发展而带来的。人类思想的生成似乎有一个单一的规律，根据该规律，任何伦理、技术与科学的发明，首先是作为人类解放和重新自我发现的方法，随后都在历史演变过程中成为一种与其目的相反的工具，并且通过限制人类来奴役他：基督教在其起源上就是一种解放力量，它呼吁人类超越习惯的形式主义和古代社会制度的诱惑。

它一开始说安息日是为人而造，人不是为安息日而造。然而，正是同一基督教被文艺复兴时期的改革者指为僵化的力量，并与形式主义和约束教条主义联系在一起，与人类生活的真实与深刻之意义背道而驰。文艺复兴时期以物理对抗反物理。同样，在启蒙运动时代，因进步观念而被视为解放者的技术如今也被指控为奴役人类，并通过扭曲人类使他沦为奴隶，通过专业化使其异化(专业化是障碍也是误解的源头)。聚合的中心已成为分离的原则。这就是为什么人文主义不能成为一种永久的教义，甚至不能是一劳永逸的态度。每个时代都必须发现其人文主义，直面异化的主要危险。在文艺复兴时期，教条的结束催生了新的热情和活力。

在18世纪，社会等级制度和封闭团体的无限分裂，通过技术姿态的理性化和普遍化，克服了之前所有制度化的障碍和禁令，从而发现了一种具有普遍性和非中介性的有效的方法。在20世纪，不再是社会的等级划分或局部分裂导致人类社会与人之间的异化，而是技术那种令人头晕目眩、无边无际又动荡不已的浩瀚。通过发展和形式化，并且以机械主义的形式强化，后者成为个人对工业世界的新依附，超越了个体思考的维度和可能性，因而充斥着技术活动的人类世界再次变得陌生。18世纪的解放技术的维度是个体的，因为它是手工的。20世纪技术尺度已远超出了个人的力量，在工业世界中形成了一种紧凑而有反抗性的人类现实。然而这一现实却是被异化了，跟过往的等级制社会一样，这完全是个体无法企及的。

　　人所需要的不再是普遍化的解放,而是调解(médiation)。新的魔力将不会在个人行动能力的光芒中得到发现,也不会通过赋予姿势以有效的确定性的知识来保证,而是在各种力量的理性化过程中得到发现。这些力量通过赋予人以某种意义以在他和自然的组合中找到位置。将目的论视为一种可知的、不是绝对神秘的机制,是一种不接受仅是被动地忍受和遭受的尝试。人不再只追求制造物但又不与物质缔约,通过学会如何制造终极性(finalité),如何组织一个他判断和欣赏的终极性(以免被动地被整合),他使自己摆脱了终极性的束缚。控制论,信息论以及结构论和动力论使人摆脱组织的约束封闭,并有能力评判该组织,而不只是因为他无法思考或建构它而崇拜和屈服于它。① 人通过有意识地组织终极性而超越了奴役,就好像他在 18 世纪克服了劳动的不幸(不是因受折磨而退出),使劳动理性化,进而提高劳动效率。人类社会了解自己的目的论机制,是人类有意识的思考产生的结果,同时也融入了那些制造它的事物。它是人类作为组织者的产物,并在定位与被定位之间建立了平衡。这样,人在社会中的位置就变成了在主动与被动之间的关系,就像一种混合的状态,它总是可以被重塑和完善,因为人类只是受干扰,而不是异化。这种意识既是造物的(démiurgique)活动,也是先前组织的结果。社会现实与人类努力是同期的,并且与之同质。相对于这种类型的现实,只有同时性图式(schème de simultanéité),即以关系性来表示力量才足以理解它。人类在社会中的这种动态表现假定了其发展。控制论图式(schèmes

----

　　① 在过去的几个世纪中,异化的一个重要原因在于,人类将自己的生物学个性赋予了技术组织:他们是工具的载体。技术组合只能通过将人作为工具的载体来完成。职业所造成的变形是心理上也是身体上的。工具的载体因使用工具而变形。今天,职业所造成的身体变形已很罕见。

　　彬彬有礼的人对匠人感到厌恶,就好像看到怪物时,产生的不愉快的感觉。与过往的职业导致的变形相比,当前的职业疾病微不足道。对于柏拉图来说,βάναυσος 是秃头和矮人。在传唱的歌谣里,小鞋匠常是一个不幸的人。

cybernétiques)只能在一个已经按照这种思想构成的社会中找到普遍意义。最难以建立的反馈是控制论思想本身与社会之间的反馈。此反馈只能通过已建立的信息渠道来逐步创建,例如在既定点上各协同的技术之间的交换。诺伯特·维纳(Norbert Wiener)在他于 1948 年出版的题为《控制论》的著作的一开始就引用这种分组的类型作为新技术的资源。控制论是技术的技术,也是新的《谈谈方法》,作者是在理工学院任教的数学家。控制论为人提供了一种新型的成年技术,这种成年性渗透在社会的权威关系之中,并超越理性的成熟,发现了反身性;后者除了行动的自由,还赋予了基于目的论的组织性力量。正是基于这一事实,组织的终极性可以被理性地思考和创造(因为它们成为技术的问题),而不再是最终的、无上的、可以合法一切的理性:如果终极性成为技术的对象,那意味着伦理上的终极性被超越了。从这个意义上说,控制论使人摆脱了终极性思想的无条件权威。人通过技术摆脱了社会的束缚。通过信息技术,人成为这个曾经囚禁他的组织的创建者。技术(technique)百科全书主义的阶段只能是暂时的。它呼唤着科技(technologique)百科全书主义,以最终赋予个人返回社会的可能性。社会的状态也相应改变,成为组织的对象,而不再只被动地作为价值或斗争的既定现实(但维持着存在于人类活动之外的原始特征)的载体。个体的天性不在人类的外部。在获得自由之后,它就可以得到权威,也就是说获得创造力。

　　这就是百科全书精神的三个阶段,首先是伦理的,继而是技术的,最后则是科技(technologique)的,超出了终极性作为最后依归的观念。

　　但是,不应根据实践成果来判断终极性组织的技术是否有用。它们之所以有用,是因为它们可以将终极性从魔术(译注:或巫术)层次提升到技术层次。对更高目的以及实现此目的的程序的提出,被视为合理化的最后手段,因为生命与终极性被混淆。在技术图式只是因果图式的时代,将科技图式引进思想有着净化(cathartique)作用。在这里面,技术并不是最终的合理化(justification)。个体和社会生活包含各终极性过程的诸多方面,但终极性可能未必是个人或社会生活中的最深层次,它只不过是有目的性的行动的模式,例如对环境的适应。

　　毫无疑问,可以说这不是一个真正的终极性,它是一个负反馈的过程。至少通过这种目的论机制的技术生产,才有可能将最劣等、最粗糙的终极性带出魔术的领域:手段从属于目的,目的先于手段。当成为了技术问题,这样的组织仅是社会或个人生活的一个方面,并且不再能够利用其地位来掩饰发展、实现、创造新形式的可能性。这些可能性是不能够用终极性来合理化的,因为它们生产出自己的目的,好像进化一般。进化包括了适应及不适应。适应只是生活的一个方面。稳态(homéostasies)是局部的功能。科技包含着这些稳态,不仅思考它们,而且理性地将其实现。这充分照亮了社会和个人生活的开放过程。从这个意义上讲,科技减少了异化。

四、需要在教育水平的成年模式和
幼年模式之间进行综合教育

　　技术领域中成人和儿童教育的分离即是对两个规范体系结构差异的响应,也是对成果差异的回应。结果是,到目前为止,教育技术(technologie pédagogique)①和百科全书技术之间还存在无法跨越的鸿沟。

　　百科全书技术教育的目的是让成年人感到自己是有成就的,有能力以及拥有真正成熟的形象。这种感觉的必要条件是法律和知识的普遍性。然而,百科全书形式中仍然有一些抽象的东西,以及普遍性的顽固缺陷:实际上,技术组合中所有技术设备的物质性聚合,是根据同时性或理性将它们协调并聚集起来。这忽视了实现当前状态的各种发现

----

　　①　译注:此为前文提及的以直观为主的未成年式教育。

的时间性、连续性和量子性特征。我们在当前掌握了正在逐步构建、缓慢并相继完成的过程。而带有神话性质的进步思想来自这种同时性的幻觉，它将一个阶段当成过程的全部。百科全书主义忽略了历史性，将人带到一种自以为是的"目的"(entéléchie)之中，因为这个阶段仍然充满了虚拟性(virtualités)。决定论(déterminisme)不是发明的主导，而如果认为进步是连续的，则掩盖了发明的现实。自学成才的人很想把一切都带到现在，将过去结合到现在的知识中，未来就在现在的跟前，只要有进步便能平滑地抵达。自学成才的人缺乏的是作为学生的经历，也就是说，他没有一种成长的连续性过程。这个过程必须历经危机构成的时间线，这些危机终止了它并容许它进入另一个阶段。如果要理解技术生成的历史性，我们必须先理解主体生成的历史性，根据时间的形式，在同时性上加上顺序性。真正的百科全书，需要同时具有时间的普遍性和同时的普遍性，必须整合对儿童的教育。如果要获得真正的普遍性，那就需要经历孩子到成人的过程，跟随时间的普遍性，以获得同时的普遍性。我们必须发现两种普遍性形式之间的连续性。

相反，非技术教育缺乏同步性的普遍性，我们可以说它是面向文化而不是知识。但是一个想通过摆脱知识来获得文化的想法是虚幻的，因为知识的百科全书是文化的一部分。然而，要在知识本身以外去把握它，就只能以抽象的、非文化的方式。知识如果仅是再现，那它只能以外部象征来把握，例如借助"体现"知识的人的神话化和社会化表示：知识被替换为科学家的形象，也就是说，社会或特征类型学的一种元素，它完全不足以了解知识本身，并且在文化中引入了一种不真实的神秘化。充其量，知识可以用观点、传记、性格特征或对科学家个人的描述来代替。但是这些又完全是不足的要素，因为它们不是引入知识，而是引入人类对知识的偶像崇拜，而不是知识本身的面貌。一个孩子重新发明技术装置这一行为，比起夏多布里昂(Chateaubriand)描述布莱斯·帕斯卡(Blaise Pascal)这一"令人恐惧的天才"的文字，更具真实的文化气息。当我们尝试了解帕斯卡的计算器(算术机)中使用的选项卡式求和设备时,比阅读对帕斯卡的天才的赞颂文字更接近发明。要了解帕斯卡,就是要动手重做一台他的机器,不是要复制它,而是尽可能也将其转移到电子求和设备中,以求重新发明而不是复制,并更新帕斯卡的知识和操作模式。自我教育是模拟地实现真实的人类图式,而不是关心同代人所关注的无关紧要的潮流、发明或著作,因为它们不是不可或缺的,或者只有参考有源流的思想和发明才能被掌握。

令人遗憾的是,今天一名中学毕业生通过贝利塞(Bélise)的滑稽动作来认识笛卡尔的漩涡理论,通过克里莎勒(Chrysale)①无法容忍的"令人恐惧的长望远镜"来了解 17 世纪的天文学。

这样的思想缺乏严肃性,缺乏真理,无论如何也不能将其表示为文化。如果这些再现的真正来源能被首先掌握,而不是通过与文化具不同目的的艺术品的自以为是(pharisaïsme),那么它们依然有其价值。百科全书的同时性在文化教育中被驱逐出来,因为它与社会群体的观点相左,后者从不是同时性的再现,因为它们仅代表生命在特定时代的小部分,它们无法为自己找到位置。当前生活与文化之间的这种脱节来自文化的异化,也就是说,文化实际上是较早时期的某些社会群体的启蒙(initiation)。文字在文化教育中的首要地位来自观点的无所不能(toute-puissance)。一件作品,特别是幸存下来的作品,实际上是表达了某个群体或某个时代的道德观念,它使该群体认识自己。因此,文字的文化是群体的奴隶。它只处于过时的群体的水平。文学作品是一种**社会见证**。说教性(didactique)作品中的所有意向都在文化中消失,除非它年代久远,并且可以看作是说教性"流派"的见证。今天的文化以为说教类型已经彻底消失,而事实上科学和技术的著作中包含着前所未有的如此多的表现力、艺术和人类存在。实际上,现在的文化已成为具有固定规则和标准的流派。它失去了普遍性。

因此,教育如果完全是教育性的,就缺乏了人类的动态。如果我们

---

① 译注:此两者为莫里哀《女学究》里的人物。

特别考虑这种教育和百科全书主义的技术角度,我们就会发现百科全书构成了非常有价值的中介,因为它包括儿童和其他所有人都可以理解的方面,也包括充分地象征着科学知识的连续状态的方面。当文化教育想成为百科全书式时,实际上构成了文化教育自我崩溃的陷阱,因为智力的象征不足以让我们理解这一科学。相反,技术的实现提供作为其工作原理的科学知识以动态直觉的形式,即使孩子年纪很小,也可以理解这些形式,并且效果可能会越来越好。真正的论述知识(connaissance discursive)没有程度的问题,它要么完美,要么因不足而错误。因此,百科全书可以通过技术在儿童教育中找到自己的位置,而无需幼童所无法充分掌握的抽象技能。从这个意义上说,儿童获得技术知识的方法可以启发一种直观的、通过技术物的特征来掌握的百科全书。实际上,技术物与科学物是有区别的,因为科学物是分析对象,旨在分析在所有条件下的某一效果及其最精确的特征,而技术物不能被完全固定在科学的语境中,它实际上是来自不同领域的大量数据和科学结果的聚合点,整合了表面上异构的知识,后者在理论上或显得不协调,但在技术物的功能上有实际用途。我们可以说,技术物是折中的结果。实际上,它是明显的合成结构,只能用该发明的合成图式来理解。技术图式,即几种结构以及通过这些结构完成的复杂操作之间的关系,就其本质而言,是百科全书式的,因为它实现了知识的循环、知识在理论上异质的元素的综合。

也许可以指出,直到 20 世纪,技术才能够承担起百科全书与儿童文化之间的联系作用。确实,此时仍然很难在技术中找到真正的通用操作,包括感觉或思想的图式。如今,信息技术使科技具有更大的普遍性。信息论将技术置于众多多样化的科学的中心,例如生理学、逻辑学、美学、语音或语法学,甚至语义研究、数值计算、几何、威权制度和组织理论,概率计算以及所有传输语音、声音或视觉信息的技术。信息论是一种跨科学的技术,它可以使科学概念以及各种技术的图式系统化。信息论不应被视为千万种技术中的其中一种。实际上,它是一种思想,它是各种技术之间、各种科学之间，以及科学与技术之间的中介。它之所以能够发挥作用，是因为科学之间存在着不仅是理论上的，而且是器具上（instrumentaux）的、技术上的关系，每种科学都能够将其他科学当作技术来为其服务，以达到研究的目的。科学之间存在着技术关系。此外，技术可以以科学的形式进行理论化。信息论可以作为一门技术的科学和一门科学的技术，确定这些交换功能的相互状态。

正是在这个层面上，并且只有在这个层面上，百科全书和技术教育才能同时满足两种普遍性。

因此，我们可以说，如果迄今为止的技术只能提供两种难以调和的动态，其中一种是针对成年人的，另一种是针对儿童的，那么这种对立就在信息论领域让位给了一个中介学科，该学科建立了专业与百科全书主义之间、儿童教育与成人教育之间的连续性。由此我们发现了一种在不同技术之上的反身性技术（technologie réflexive），并定义了一种在科学与技术之间建立联系的思想。

这种技术的反身性统一，作为理论知识和实践知识之间对立的终结，对于人类反身性的概念是相当重要的。实际上，一旦达到这一点，就不再有教育时间和成人年龄之间的距离或对立。连续性和同时性是按照相互关系组织的，成人的时间和教育的时间不再是对立的。甚至在某种程度上，社会的进化根据当前的决定论，先是年轻人，然后是成人，以至终老，以及相应的政治和社会制度，并不再需要被认为是绝对的，如果技术的渗透足够深，可以引入独立于这种隐含生物学的参考和价值体系。

认真分析价值体系中的二元论，例如手工匠和知识分子，农民和城市居民，儿童和成人的二元论，将表明这些对立背后有一个技术原因，也就是几种图式（schématismes）之间的不兼容。手工匠是通过事物的直观图式来生活的。相反，知识分子是将感知性质概念化的人。后者生活在基于人性和命运的定义的稳定性秩序之中。他具有一定的能力来概念化，重视或贬低在直觉层面上的姿势和价值。手工匠以同时性

的方式生活。在文化中,他代表的是自学成才。乡下人与城市人对立
的模式之间也有相似的区别。乡下人有着一系列的需求和参与,这使
他被整合进了存在的自然系统。他的趋势和直觉是这种整合的链接。
城市人是一个个体,他与社会生成的联系比与自然的联系紧密。他与
乡下人对立,后者是非抽象的、被整合的、缺乏教养的。城市人属时间,
乡下人属地区。前者是连续性,后者为同时性。总体上讲,乡下人依恋
传统。但传统恰恰是历史性最无意识的方面,它忽略了时间上的连续
顺序,并假定了某种永恒不变。真正的传统主义是基于缺乏对生成的
理解。这种生成被埋葬了。最后,儿童与成人之间的对立总结了这些
对立。儿童是连续的个体,是虚拟的,随着时间的推移而变化,并且意
识到这种修改和变化。成年人因为教育而能够面对他生活中各种问题
的同时性,并按照同时性融入社会。然而,只有在社会稳定且发展不太
迅速的情况下才能充分实现这种成熟,而处于转型过程中的社会将有
利于其连续的秩序,它所构成的动态使成年人变成青少年。

第四章 文化在人与技术物世界关系中的调节功能。当前问题

一、进步观念的不同模式

百科全书主义者对技术的热情可以说是由元素的技术性的发现所引起的。实际上,百科全书主义者并不将机器直接视为自动机,而是基本设备的组合。狄德罗的合作者们的注意力主要集中在机器的组件(organes)上。在18世纪,技术组合只像开瓶器和摆锤的生产车间一样大。这个组合通过使用工具或机床的工匠作为中介来联系技术元素,而不是通过真正的技术个体。出于这个原因,要研究的主题的划分是通过使用规则来完成的,而不是根据技术图式,也就是说,根据机器的类型。技术物的分组和分析的原则是根据行业的名称,而不是机器的名称。但是,非常不同的行业可以使用相同或几乎相同的工具。因此,这种分组原理导致工具和器具在介绍上显得多余,从一块板到另一块板,其形状可能非常相似。

但是,将包含众多元素的技术集合进行分组的原理与百科全书主义者**不断进步**的思想有着非常紧密的联系。根据在元素的层次上所理解的技术性,技术发展会连续不断直至完善。技术性的分子存在模式

(mode d'existence moléculaire)与技术物进化的持续速度之间存在相关性。在 18 世纪,齿轮和螺纹的切割要比在 17 世纪的好。通过对 17 世纪和 18 世纪所生产的相同元素的比较,出现了进步的连续性的思想,即我们所称的技术物的具体化的迈进。在已然构成的技术组合中发生的这种元素演变不会引起剧变:它温和地改善了制造结果,并容许工匠保留常规方法,而在工作中感到更加便利。这些习惯的姿势,当使用更精确的工具时,效果更好。技术工作条件的这种基本而持续的改善在很大程度上解释了 18 世纪的乐观主义。确实,焦虑是由转变引起的,这些转变带来了日常生活节奏的中断,使惯用的姿势无效。但是提高工具的技术性产生了惬意感(euphorique)。当人保留了自己学习的成果后,将旧的工具换成一种使用方法相同的新工具时,他感到自己的姿势更加精确、更熟练、更快。身体的图式化消除自我局限,扩展、释放自我。笨拙的印象减少了:受过训练的人使用更好的工具会更熟练;他有更多的自信,因为工具延伸器官,并被纳进姿势里。

18 世纪是工具和仪器开发的重要时刻,**工具**(outil)指的是可以伸展和武装身体以实现姿势的技术物,**仪器**(instrument)指的是容许扩展和适应身体以获得更好的感知的技术物。仪器是一种感知工具。某些技术物既是工具,又是仪器,但根据主动或感知功能的主导分别,我们可以称其为工具或仪器:一个锤子是工具,尽管通过动觉敏感性和振动的触觉灵敏度,我们可以很好地感知木材的某个点开始扭曲或破裂并快速下沉。确实有必要使锤子下降而作用在该点上,以便根据进行该下降操作的方式,让手握锤子的人感觉确定的信息;因此,锤子首先是一种工具,因为它具有工具功能,所以它也可以用作仪器。即使将锤子用作纯粹的仪器,它仍然是一种工具:石匠会用锤子识别石头的质量,但这需要锤子打穿部分石头。相反,望远镜或显微镜就像水平仪或六分仪一样是仪器:这些物体被用来收集信息,而无需事先对世界进行任何动作。在 18 世纪,工具和仪器的制造更加精细,它汇集了 17 世纪静态和动态力学发现以及几何和物理光学发现的成果。科学不可否认的进步已经转译为技术元素的进步。科学研究与技术成果之间达成的协议是乐观主义再次兴起的原因，因为这种协同作用和人类活动领域的丰富性使人们更加相信进步的观念。科学改良仪器，仪器改进科学研究。

相反，当我们在19世纪遇到完整的技术个体的出现时，技术发展的方面就会发生变化。如果这些技术个体只是替代了动物，所造成的干扰就不会令人如此沮丧。蒸汽机代替马拖拽马车。它带动了旋转：人在活动上做了一定程度的修改，但是机器只是提供更多的能源，它并不会替代人。百科全书主义者赞颂风车，占据高处而幽静的风车代表了对原野的统治。有几个极其详细的印版专门用来描述水磨。人的挫败感始于取代了人的自动机、自动织布机、锻造压力机以及新工厂的设备。这些是工人在暴乱中打烂的，因为这些是他们的竞争对手，它们不再是引擎，而是工具的携带者。18世纪的进步让人类完整无缺，因为人类仍然是技术个体，他是工具的中心也是它们的携带者。工厂与工匠车间的不同之处实质上不是规模，而是技术物与人类之间关系的变化：工厂是一个技术组合，它包括活动类似于人类的自动机。工厂使用真正的技术个体，而在车间中，人用自己的个体性来完成技术活动。因此，进步概念的最积极、最直接的方面不再被体验。18世纪的进步中，个体感受到他自身姿势的力量、速度和精确度的进步。但是这种进步在19世纪无法再被体验，因为人在适应性活动中，已不再是指挥和感知的中心。人类个体仅是机器运行的旁观者，或者是技术部门的负责人。这就是为什么进步的概念会破裂，变得不安、激进和暧昧。进步与人相距遥远，对个体而言都不再具有任何意义，因为人们对进步的直觉感知的条件已不存在。这种隐含性的判断（和作为18世纪进步概念基础的运动感官印象以及身体动力促进作用关系密切）消失了，除了在某些活动领域，科学和技术进步仍带来好像在18世纪一样的对行动和观察的个体条件的增强和促进（如医学、外科手术）。

然后，从宇宙的角度，以及整体结果的层面来思考进步。它是从理论上抽象地、理性地思考的。不再是工匠，而是数学家来思考进步，它指向的是人类对自然的占有。这一进步的观念与圣西门主义者一起撑起了技术官僚主义。人们所思考和欲望的进步的观念取代了进步作为考验的印象。追求进步的人与从事劳动的人不同，除了少数情况下，例如仍然是手工业者的印刷商和版画家。即使在这些情况下，机器的问世也引起了人们的深刻思考，他们渴望以此来改变社会结构。我们可以说劳动和技术性在 18 世纪的关联是来自对技术元素的进步的经历。相反，由于同样的进步，在 19 世纪我们见到的是理解进步的条件和劳动内部节奏的经历之间的错位。19 世纪经历进步的不是工人，而是工程师或使用者。工程师（engineer）是机器的人，实际上成为包括工人和机器在内的组合的组织者。人们将进步理解为基于成效的感官运动，而不是基于构成它的一系列操作的技术组合，以及实现它的、对大众有价值的、与人类共存的各种技术元素。

19 世纪上半叶的诗人将进步视为人类的前进，充满了风险和不安。这一进步包括了巨大的集体冒险，走向另一个世界的旅程，甚至是迁移。这一进步同时是胜利也是衰退。这可能是维尼（Vigny）在《牧人之家》（La Maison du Berger）里所描述的。这种对机器的矛盾感可以在机车和指南针中找到，前者出现在《牧人之家》，后者出现在《瓶中信》（La Bouteille à la Mer）里。这最后一首诗展示了维尼如何感觉到 19 世纪进步的过渡性（过渡可能是因为矛盾）。这种不完成、不完整的进步思想，是留给后人的信息。它根本就不能完成。接受生活在技术进化的时代是《宿命》的一个主题。维尼明白不能自我满足、自我封闭，所以他对进步的描述是公平和有意义的。

技术进步概念的第三个方面是技术个体的内部自我调节对技术组合的影响，以及经由后者对人类的影响。第二阶段是技术个体层面上的新技术浪潮的到来，其特征是进步的矛盾性，人面对机器的双重处境以及异化的出现。马克思主义认为这种异化是来自工人与生产资料的关系，我们认为，这种异化不仅来自工人与工具之间的私有权或非私有

权的关系。在私有财产的法律和经济关系下，存在一种更深层次和更
重要的关系，即人类个体与技术个体之间的连续性，或这两种存在之间
的不连续性。异化之所以出现并不仅仅是因为作为工人的人类个体在
19 世纪已不再是其生产工具的所有者，而在 18 世纪工匠仍是其生产
工具和产品的所有者。异化是在工人不再是其生产工具的所有者时出
现的，但所有权的丢失并非唯一的原因。它也发生在生产工具的集体
关系之外，在个人、生理和心理层面上。人与机器的异化不仅具有经济
和社会意义，它还具有心理-生理意义（sens psycho-physiologique）；机
器不再为工人或拥有机器的人扩展身体模式（schéma corporel）。像圣
西门主义者和奥古斯特·孔德这样的数学家所推崇的银行家，也与新
无产阶级者一样，被机器所异化。我们想说的是，不需要主奴辩证法来
解释富裕阶层中存在的异化。所有权与机器之间关系的异化，与非所
有权的同样多，尽管它对应于非常不同的社会地位。在机器的上下两
端，作为元素的人（工人）和作为组合的人（工业老板）都错过了与个化
的机器技术物的真正联系。就工业组织所包含的技术物和技术性而
言，资本和劳动力是两种不完整的模式。它们的明显对称性并不意味
着资本和劳动力的结合会减少异化。资本的异化不是相对于劳动或与
世界的接触（如在主奴辩证法中），而是相对于技术物。劳动也是如此。
劳动力所缺乏的并不是资本所拥有的，而资本缺乏的也不是劳动所拥
有的。劳动具有元素的智能，资本具有组合的智能。但是，不是通过将
元素的智能和组合的智能结合在一起，我们就可以生产**具中介作用而
不只是混合**的智能，即技术个体。元素，个体和组合在时间轴上相继。
作为元素的人落后于技术个体。但是那些作为组合而又不了解技术个
体的人并不领先于个体。他试图将技术个体封闭在过时的组合结构
中。劳动力和资本落后于作为技术性的守护者的技术个体。技术个体
与驱动它的劳动力以及包含它的资本不是来自同一时代。

　　资本与劳动之间的对话是错误的，因为那是过时的。生产工具的
集体化本身不能减少异化。它只有在作为人类个体获得技术个体的智

能的前提条件时才可行。人类个体到技术个体之间的这种关系是最难
形成的。异化的减少需要的是一种技术文化,该文化引入了一种不同
于劳动和行动(劳动与元素的智能相对应,而行动与组合的智能相对
应)的能力。劳动和行动的共同点是终极性高于因果性。在这两种情
况下,努力都是为了达到某一目的。相对于结果而言,使用的手段没那
么重要:行动图式也没有比行动结果重要。相反,在技术个体中,因果
关系和终极性之间的这种不平衡消失了。机器是为了达到某一结果而
从外部建造的。但是,技术物的个化程度越高,外部终极性就消除得越
多,以实现功能的内部连贯性。在技术物与外部世界接触之前,功能已
经完善。机器的自动性正是机器的自我调节能力:在调节的层次上,不
仅有因果关系或终极性,而且还有功能性。在自我调节的功能中,所有
因果性都具有终极性,而所有的终极性都有因果性。

二、对热力学和能量学派生的进步概念所提出的人与
技术物之间关系的批判。信息论的运用

人可以与个化技术存在相关的是其对操作模式的直觉;人可以与
机器耦合,就好像参与它的调节一样,而不仅仅是通过合并技术组合来
指挥或使用机器,或者为它提供物质和元素。我们的意思是,无论是经
济理论还是能源理论,都无法解释人与机器之间的这种耦合。经济或
能源方面的联系太过外在,无法通过它们定义这种真正的联系。人机
之间存在个体间的耦合,相比于单独的人或单独的机器,它能够更好以
及更精细地实现自我调节功能。

我们以记忆作为例子。抛开所有生命功能和人造功能的神话式同
化,我们可以说人与机器在对过去的使用中有两个互补的方面。机器
能够在很长时间内保留非常复杂的、具丰富细节的、精确的单态文档。

长达 300 米的磁带可以保存任何噪音和声音的磁转换记录，范围在 50 至 10 000 赫兹之间，对应于大约一小时的时间。如果我们将频宽降低到 5 000 赫兹，则可以有两个小时。一卷同样大小的胶卷可以记录大约半小时的场景，清晰度约为 500 行，也就是说可以在每幅图像上区分约 25 万个点。因此，磁带可以记录 3 600 000 个不同的声音事件。电影胶带则可以记录约 1.2 亿个点。（这些数字之间的差异不仅是因为磁带的颗粒大于感光胶片的颗粒；实际上它们是相同数量级，主要是因为录音对应于磁带上的线性轨道，而图像的记录对应于连续表面的切割，其中几乎所有敏感点都可以成为信息载体。）机器的保存功能的特征在于它绝对没有结构。胶片对于清晰的图形（例如几何图像）的记录并不强于像沙一样的无序图像。甚至在一定程度上，由于胶片中的光散射现象，在明亮、轮廓清晰的沙滩周遭形成了所谓的光晕效应，因此与沙粒的无序均匀性相比，对清晰且锐利的表面的记录也不一定更好。同样，磁带对于具有形式（规律）和连续性的声音的记录也不会比瞬变或噪音更好：机器的这种保存记录并没有顺序，机器没有选择形式的能力。人类的感知可以重新找到所记录文件的视觉或听觉的形式和感知单位。但是录音本身实际上并不包括这些形式。机器保存的功能不全与记录和形式的再生产有关。这种无能（incapacité）是普遍的，它存在于各个层面。要使计算机能将结果在阴极射线管屏幕上写成直接可读的数字，涉及相当大的复杂性。数视镜（*numéroscope*）由非常精致和复杂的组装构成，它通过使用特殊编码以获得尽可能多的图形。产生李萨儒（Lissajous）图形比打出数字 5 容易得多。机器不能保留形式，而只能通过编码以空间或时间的分布作为形式的翻译。这种配置可以像磁带那样非常耐用，可以像敏感膜中的银粒那样确定，或者是完全短暂的，好像在两端顶着压电石英的汞柱中流动的脉冲，应用于某些类型的计算器来保存运行期间的部分结果。它也可以非常短暂但可以保持，例如，在某种类似于图标镜的阴极射线管中记录数字的情况，配备了两个电子枪，一个电子枪可以读写，另一个用于保存（R. C. A. 公司的选数管和麻省理工学院的存储管）。储存体的可塑性不应与记录功能的真实可塑性相混淆。我们可以在千分之一秒内擦掉选数管的铍镶嵌上所刻的数字，并用其他数字来代替，但是同一储存体连续记录获得成功的速度绝不意味着录音本身是可塑的；每次的录音都是完全不变的。我们可将磁带上的氧化物颗粒去磁化，然后再次进行记录。但是新的录音与以前的录音完全分开。如果第一个擦得不干净，则会干扰、阻碍且不利于第二个的记录。

相反，在人类记忆中，形式是被保留下来的。这种保存只是记忆有限的一面，它是形式选择、经验图式化的力量。只有当已录制的磁带比新的磁带在固定某些声音上有优势时（但这并不可能），机器才能有这种类似的功能。机器记忆的可塑性是记忆体的可塑性，而人类记忆的内容本身就具可塑性。[①] 我们可以说，对人而言，保存过去（souvenirs）的功能在记忆（mémoire）中。记忆可被视为形式、图式的组合，在接收它所记录的过去时，将过去链接到形式上。相反，机器的记录并不需要之前的存储。由于这种本质上的差异，我们可以见到人类记忆对于无序事物的记录相对较弱。要记住五十个没有顺序、不同颜色和形状的筹码的相对位置，将花费很长时间。要确定各种物体在空间中的相对位置时，即使是模糊的摄影也比人类的见证更准确。机器的记忆在数量和无序上取胜，人类的记忆则以形式和顺序的统一而取胜。每当出现集成或比较功能时，最复杂、最佳构造的机器所产生的结果都远逊于人类记忆所能达到的水平。我们可以对计算机编码以进行翻译，但是其翻译仍然非常基础和粗糙。前提是事先将两种语言简化，同时减少了词汇量和固定的短语。机器缺乏整合的可塑性，然而这是记忆的重要部分，也是记忆与机器存储区分出来的地方：计算机或翻译机（它只

---

① 空白磁带等于或大于已经使用的磁带，即使连续多次使用之后也是如此。如果我们经常用阴极射线管稳定同一图像，它的效果并非越来越好，图像所占的位置会失去灵敏度，因此长时间使用后，它对不占同一批点的新图像会更敏感。

是基于某种方式的编码的经典计算机）的 Storage① 与记忆的功能有很大的不同，对于人来说，在感知的层面上，通过感知，根据前后文的一般规则，或者根据过去获得的相关经验，来确定当下的词语的意义。人类记忆包含了具有形式力量的内容，它们可以自己重叠，自己分类，就好像刚获得的经验将是新经验的编码一样，来解释以及固定它们；对人类或者其他生物来说，**内容变成编码**，而在机器中，编码和内容作为条件被与条件分别开来。刚进入人类记忆的内容会被先前的内容塑造；对生物来说，**后验**变成了**先验**；记忆是**后验**变成**先验**的功能。

但是，复杂的技术操作需要使用两种形式的存储。非生物（即机器）的存储器在以下情况下非常有用：细节的保真度比将记忆整合到经历的同步性（意义来自与其他元素的关系）更重要。机器存储器是文档和测量结果的记忆。人的记忆是，相隔数年之后，它或者会让我们联系到，具相同的意义、相同的感觉、相同的危险的某一情境，或者这种似曾相识仅仅是根据经验建构的隐含生命编码。在这两种情况下，记忆都可以自我调节，但是人的记忆允许根据生命体中一些有价值的意义来进行自我调节，机器的记忆的自我调节的意义则在于非生命体的世界。人类记忆功能的意义的终结正是机器存储功能的意义的开始。

人与机器的耦合从发现两种记忆共有的编码的那一刻开始变得可能，因此可以实现两种记忆之间的部分转换，以及一种协同作用。这种耦合的一个例子是通过电话呼叫文件。查询最近结果的摘要信息，后者根据不同标题分类记录在磁带上。目录和电话呼叫设备使通过选择器可以快速读取磁带上记录的任何内容。在这里，人类的记忆就是单词和标题名称具有意义的所在。相反，该机器是由特定脉冲序列使某一个磁读取板通电的原因：固定的和缺乏弹性的选择能力与研究人员呼叫某特定号码的决定非常不同。但是，这种纯粹的机器与人的耦合情况使我们可以理解在其他情况下存在的耦合模式：当两个人同时完

---

① 这个英语单词意为"存储"。

成一个完整的功能时,即存在耦合。只要技术功能包括一定的自我调节,就存在这种可能性。自我调节的功能是这样的:任务的完成不仅取决于要复制的模型(根据其终极性),还取决于任务完成的部分结果(作为条件进行干预)。在手工操作中,这种通过信息收集的控制是常见的。人同时是工具和感知对象的引擎,根据瞬时的部分结果来调节动作。该工具既是工具又是仪器,也就是说,是器官的延伸和循环的信息渠道。相反,作为完全封闭的个体,替代人的机器通常没有自我调节系统:它根据预先的设定展开连续的姿势。这第一类机器就是我们所说的没有自我调节的机械存在。它是一个操作的技术单位,但严格来讲不是一个技术个体。

事实上是真正的自动化机器对人类的替代是最少的,因为该机器拥有的调节功能假定了操作的可变性,以及功能相对于工作目标的适应性。人们对于自我调节的自动机的热情使他们忘记了,这些机器其实最需要人类。其他机器只需要人作为仆人或组织者,而自我调节机器则需要人作为技术员,即同事。它们与人的关系在调节的层面上,而不在元素或组合的层面上。但是,通过此调节,可以将自动器连接到它们所在的技术组合。正如人类不是通过活动或感知的基本功能依附于群体,而是通过他的自我调节,后者赋予他以个性和性格;同理,当机器被整合到组合里时,这种整合不仅是按照其功能以抽象和边缘的方式结合,而且按照组合需要执行的任务。没有纯粹内部的、完全孤立的自我调节;行动的结果不只是自身的结果,而且是它们与外部环境乃至整体的关系的结果。但是,自我调节**需要整个组合的环境**来配合,而不能仅仅靠机器,无论它的自动化有多完美。适应这种调节方式的记忆类型和知觉类型需要整合,即生命体所实现的,将**后验**转变为**先验**。技术组合中存在着某种有生命的东西,而生命的综合功能只能由人类来提供;人类一方面有理解机器功能的能力,另一方面有生活的能力:我们可以说技术生命在人类身上将两种功能联系起来。人有能力假设他所属的生命体与他制造的机器之间的关系。技术操作需要技术和自然的生命。

　　然而,技术生命并不是说指挥机器,而是与它们生存在同一水平,作为一个承担它们之间的关系的存在,能够同时或相继与多台机器耦合。我们可以将机器和自我封闭的单子比较。机器的能力仅仅是制造者所设定的能力:它发挥自己的特性,就好像物质发展其属性。机器源于其本质。相反,人并非单子,因为在他身上**后验**成为**先验**,即事件原则。技术人员不是在机器制造之前而是在机器运行期间行使此功能。他执行当下的功能并保持相关性,因为他的生活节奏是由包围他以及由他自己所彼此连接的机器所决定。他确保整合的功能,并通过单子的互连和对换将自我调节扩展到每个自动化单子外部。从某种意义上说,技术人员是作为组合的人,但与工业家的角色却大不相同。工业家以及工人都受到目的性的驱动:他们追求结果,这是他们的异化所在。技术人员是在执行操作的人,他并不承担管理,而是承担整个操作过程中的自我调节。他吸收了劳动意识和工业管理意识。他是一个了解内部运作模式并将这些模式组织起来的人。相反,机器会忽略一般的解决方案,而不能解决一般的问题。很多时候在机器的使用中,我们用大量的简单操作来代替一个复杂的操作。对使用二进制(而不是十进制)的计算器来说,就是这种情况,并且将所有运算分解为一系列的加法运算。①

　　在这种意义上,我们可以说,只有通过深入研究调节(即信息),才能在组合水平上产生技术哲学。真正的技术组合不是对技术个体的使用,而是技术个体相互联系的组织。任何由使用技术个体的组合的现实出发的技术哲学,如果不将它们置于信息的关系,那它仍只是通过技术来理解人类力量的哲学,而不是技术的哲学。将技术组合视为使用机器以获取权力的场所,我们可以称之为专制(autocratique)技术哲学。机器只是一种手段,最终是要征服自然,通过奴役驯化自然力量:

---

　　① 相反,生命的关键过程是整合。

机器是一个用来制造奴隶的奴隶。这种支配性和奴役性的灵感对应于人类对自由的追求。但是人类很难通过奴役他者，如人、动物或机器来获得自由。对奴役世界的机器的统治仍然是统治，而所有统治都假定接受奴役机制。

技术官僚的哲学，顾名思义，本身就受到奴役暴力的影响。对专制技术组合的反思所产生的技术主义（technicisme），是来自对征服而又不受束缚的渴望。它是过度的（démesuré），缺乏内部控制和对自我的控制。它是一种向前的力量，只能以不断上升、征服的形式存在下去。圣西门主义在第二帝国的统治下取得了胜利，因为这里要建造码头，要铺铁路，要在山谷上架上桥梁和高架桥，要开挖隧道。这种征服性侵略具有强暴自然的特征。人类进入大地的内脏，横冲直撞以抵达之前无法抵达的地方。因此，技术统治具有某种违背神圣的感觉。在海洋上架起一座桥梁，将一个岛屿连接到大陆，刺穿地峡，是在改变地球的形态，在破坏其自然完整性。在这种暴力中，人们以统治为荣，并赋予自己创造者的头衔，或者至少是创造物的监管者：他扮演着造物主的角色。这是浮士德的梦想，现在由整个社会、所有的技术人员重新承担起来。的确，仅靠这些技术的发展还不足以诞生技术官僚主义。技术官僚主义代表了权力意志，这种意志在一群拥有知识而没有权力、有技术知识但没有实现这些技术的资金以及没有摆脱限制的立法权的人当中成形。法国的技术官僚本质上是理工学校的毕业生，也就是说，就技术而言，他们是聪明的使用者和组织者，而不是真正的技术人员。这些数学家是按组合而不是按功能的个化来思考的。企业对他们的吸引更甚于机器。

另外，更根本地，甚至更深远地，源于技术状态的心理-社会条件也加进来了。19世纪只能产生技术官僚的技术哲学，因为它发现了引擎而不是调节（régulations）。那是热力学时代。现在，从某种意义上说，发动机确实是技术个体，因为如果没有一定的调节或至少包括一些自动元素（进气，排气），发动机就无法运作。但是这些自动化是辅助性的。它们的功能是允许循环重新开始。有时,在固定式机器上增加真正的自我调节器,例如瓦特的调速器(*governor*,离心调节器,称为球调节器),可以很完整地使热机个化。但是,调节器仍然是次要的(accessoires)。当热力机器必须根据一个非常不连续的状态付出极大的努力时,最好让一个人站在热力机械附近,在负载增加之前按下调节器的杠杆,因为调节器作用有太长的延迟,可能会在发动机因为负荷突然增加而减速时进行干预:这是当我们使用机车切割大型木板时所要做的。如果没有人干预,当调节器启动时,锯轮已经停转,或者皮带已经掉落了:工人要在锯轮切割木材半秒钟之前,操作调节器杠杆,这样,发动机将以全功率运行,并在负载突然增加时加速。另一方面,当负载变化缓慢且渐进时,瓦特调节器效率极高且精确。无法处理快速变化的这种功能不全可以解释为,在热力学电动机中,即使存在自我调节,这种自我调节也没有与不同效应器对应的信息频道。在瓦特的调速器中确实存在一个反馈(*feed-back*)路径,但是此路径与使电机移动阻力构件的执行路径没有区别:调节器连接在输出轴。因此,有必要使由驱动轮、主轴和汽缸的容积装置组成的整个组合,以及将往返运动转换为圆周运动的系统,通过失去动能,从而减速,以便使调节器通过增加发动机的进气时间,同时增加其功率来进行干预。然而,在这种效应路径(能量通道)和负反应路径(信息通道)的重叠中,存在着严重的缺点,这大大降低了调节效率,并降低了技术物个化的程度:当发动机减速时(调节器起作用是必需的),速度降低会导致功率降低(当处于低速或中速时,蒸汽的滚动不会干预滑阀,发动机的功率与活塞在某一时间单位内相继完成的所有劳动的总和成正比)。角速度的降低会带来恢复条件的恶化,这正是调节器所要实现的。

能量通道和信息通道之间的这种重叠标志着热力学时代,同时也构成了发动机个化的极限。相反,假设在热力发动机出口处有一个测量仪,每一刻都量读螺旋桨轴力矩,并且将测量结果送回到蒸汽入口(或燃料入口,或碳化空气入口,如果是内燃发动机的话),以便根据施加在驱动轴上的阻力的增强来相应增加蒸汽的吸入量。那么,阻力测量返回到蒸汽入口并对其进行修改的信息通道与能量通道(蒸汽、气缸、活塞杆、曲柄杆、轴、传动轴)是分开的;引擎无需减速便能提高功率;与能量通道的时间常数相比,信息通过信息通道的传播时间可以非常短,如百分之一或千分之一秒,而固定的蒸汽机的循环则需约四分之一秒。

因此,自然而然地,将机器之能量通道和信息通道分开出来已经给技术哲学带来了非常深刻的变化。这种变化的条件是信息运输的发展,特别是弱电的发展。因此,我们并不将这些电流命名为能量载体,而是信息载体。作为信息载体的电流与无线电波或光束平等,而后者和赫兹波一样仍由电磁波构成:这是因为电流和电磁波通常具有极高的传输速度,并且具有在没有明显惯性的情况下进行精确调节的能力(包括频率和幅度)。它们的调制能力使它们成为可靠的信息载体,而快速的传输速度则使其成为快速载体。那么,变得重要的不再是传输的功率,而是信息通道传输的调控(modulation)的精确度和保真度。除了由热力学定义的数量外,还会出现一类新的数量,这使得不同的信息通道可以分开并进行相互比较。对新概念的阐述对哲学思想具有意义,因为它为哲学提供了新价值的例子,而新价值直到现在在技术上都没有意义,只有在思想和人类行为中才有意义。因此,热力学已经定义了像发动机这样的转换系统的效率的概念:效率是在发动机入口处投入的能量与在发动机出口处收集的能量之比。在输入和输出之间,能量形式发生了变化;例如,热力发动机将热能转化为机械能;得益于对卡路里的机械等量的认识,我们可以将发动机的效率定义为将热能转换为机械能。更一般而言,在执行转换的装置中,可以定义一种功率,即两种能量之间的比值:一是炉灶功率,即氧化剂-燃料系统中包含的化学能与实际释放的热量之比;二是炉膛-锅炉系统功率,即炉膛产生的热能与实际传递给锅炉的水的热能之比。发动机功率是指系统中包含的能量(由送入入口的热蒸汽和排气处的冷源所构成)与由汽缸的膨胀实际产生的机械能(理论产量,由卡诺原理控制)之比。在一系列能量转换中,在第一个输入和最后一个输出之间计算出的功率是所有部分功率的乘积。即使出口收集的能量与入口收集的能量具有相同的性质,该原则也适用。当蓄电池充电时,存在第一部分功率,即由电能转化为化学能的功率。当放电时,还有第二部分功率,即化学能转化为电能的功率:蓄能器的功率是这两种功率的乘积。但是,当我们使用信息通道传输信息时,或者当我们在某媒介(support)上记录以及保留信息时,又或者当我们从一种信息媒介转到另一种媒介时(例如,从机械振动到交流电,后者的振幅和频率跟随前者),都会丢失信息:我们在出口收集的信息与输入的信息不完全相等。

例如,如果我们想通过电话的信息通道来传输声频电流,我们会注意到某些频率可以被正确传输:在输出端的调控与电路输入端的相同。但是电话的带宽很窄;如果我们在此通道的输入端放置复杂的噪声或声音,则会导致相当大的失真:在输出端收集的调控与输入端的根本没有可比性。它是由输入端的噪音导致的;例如,200 赫兹到 2 000 赫兹之间的复杂声音的基本部分都可以正确传输,但它们的高次谐波都被消除了。再或者,该电路引入谐波失真,也就是说,输入端的正弦音(son sinusoïdal)不再由输出端的正弦电压表示。这两种现象尽管有明显的区别,但它们是相同的:有谐波失真的电路是较窄的信息通道,就算声音不产生明显失真,但如果该声音在输入端时具有谐波的频率,即使该声音不在输入端,该谐波也会出现在输出端,因为电路与该谐波的频率产生谐振。理想的信息通道的输出将提供我们输入时的所有调控(无论多丰富和复杂)。可以给它一个等于 1 的功率,就像一个完美的引擎。

信息通道的这些性能特征不是能量特征,通常,高信息效率与低能量效率配合:电磁扬声器比电动扬声器具有更高的能量效率,但信息效率很低。我们可以这样解释:在转换系统中,当两个元素之间通过尖锐的共振紧密耦合时,可获得最佳的能量效率。通过电容器将线圈调谐至特定频率的变压器,在该频率下其初级线圈和次级线圈之间具有良好的耦合。但是在其他频率下,它的耦合很差:因此它有选择地传输该频率,当我们想用它来传输大的波段时会碰到很大的不足;用于传输信息的变压器在较宽的频带上具有较低但恒定的能量效率。因此,能量效率和信息效率不是相互关联的两个级:技术人员经常不得不牺牲两个效率中的一个来获得另一个。因为信息通道必需的形式以及它正确传输的条件与高效率能量传输的条件有很大不同。所以,解决与信息通道有关的问题跟解决应用热力学问题的态度不同。① 热力学技术人员倾向于大结构和大功效,因为热力学功率随电动机和设备的尺寸的增加而增加。当然可以制造一个小型的蒸汽机,但是效率会很低。即使它的结构非常好,它也无法实现出色的功率,因为热量损耗和机械摩擦会造成很明显的影响。涡轮机是一种将热能转换为机械能的系统,其功率比其他电动机要高。但是为了使涡轮机在良好的条件下运行,它的安装是很重要的。三个小型火力发电站的功率仍然低于相同容量的单个发电站的功率。增加机器的尺寸来提高功率是能量学的一般实用定律,它超出了热力学本身的框架。工业用变压器通常比额定功率为 50 瓦的变压器具有更高的功率。但是,新形式的能量(例如电能)很少有旧形式能量(例如热能)的这种倾向。建造高效,小型的电力变压器并非不可能。如果我们不太在意小功率设备的效率,那是因为它们的功率的损耗不如工业设备严重(尤其是热量更容易消散,因此小型蒸汽机的功率比大型蒸汽机的功率低)。

相反,信息技术人员倾向于寻求与他使用的设备的热力学要求兼容的最小尺寸。确实,在调节中信息以更少的延迟进行干预就更加有用。但是,用于传输信息的机器或设备的尺寸增加会增加惯性和传输时间。电报针相比之下变得太耗力了。与电报针的打印相比,电缆可以传输更多的信号。一根电缆可以同时进行三十种通信。在电子管

_____

① 或更笼统地说,能源。

中,电子在阴极和阳极之间的传播时间限制了允许的频率;最小的电子管最能够提高频率,但是它的功率非常低,因为尺寸太小使其无法散发足够的热量来避免后者对其性能的影响。或者可以说,在 1946 年后,我们观察到机器尺寸减小的趋势,原因之一是发现了信息技术:制造技术个体,特别是很小的技术元素,因为它们更加完美,具有更好的信息效率。

三、信息技术概念在理解人与技术物之间关系的局限性。技术个体内部的不确定性范围。自动化主义

但是,技术哲学不能仅是基于对信息传输中的形式和效率的无条件追求。但实际上从一开始就分开的两种看似逐渐分离的效率,在稍后相遇:当作为信息载体的能量值趋于非常低的水平时,一种由于能量的基本不连续性而产生的新效率损耗出现了。能量作为信息的载体,由两种方式调控:一种是人工的,根据传输的信号;一种是基本的,根据它的物理性质,如基本的非连续性。当能量的平均水平比因能量的基本不连续而引起的瞬时变化大一个数量级时,就会出现这种基本的不连续。这时,人工调控与基本调控混淆,与叠加在传输上的白噪声或背景雾混淆;这不是谐波失真,因为它并不是信号调控,也不是信号的失真或减弱。然而,为了减少背景噪声,可以减小带宽,这也会降低所预期的通道的信息效率。必须采取一种折中办法,即保留可以满足实际需要的信息效率,并且保留高能量效率,以将背景噪声维持在不干扰信号接收的水平。

在最新的致力于信息技术哲学的著作中几乎没有指出这种对立,但这标志着信息概念的单义(univoque)性质。从某种意义上讲,信息是可以无限变化的,为了以最小可能的损耗进行传输,信息需要牺牲能量效率,以避免缩小信息的可能性范围。最可靠的放大器有一个非常

规则化的能量功率,独立于频率的幅度;它并不偏好任何一个以及强加任何共鸣、任何定型、任何预先设定的规律性在它必须传递的波动的信号的开放系列上。然而信息要与纯粹偶然的现象,比如白噪声或者热运动等区分开来;信息具有规律性、局部性、区域性以及将其与纯偶然性分开的某种定型。当背景噪声水平较高时,如果信息信号具有一定的规律(即在构成它的状态序列的时间进程中具有一定的可预测性),我们仍然可以保存信息信号。例如,在电视中,预先确定好时基(bases de temps)的频率,然后通过在十分之九的时间内封闭同步设备,再在短时间内(例如,百万分之一秒)解锁,便可以提取背景噪声(与信息信号同样重要)的同步脉冲,因为根据定律,同步脉冲应该在重复发生之前抵达(这是用于远程接收的相位比较设备)。但是,我们必须将同步信号的接收视为信息。但是从背景噪声中更容易提取此信息,因为可以将背景噪声的干扰作用限制在占总时间很少的瞬间内,从而将此瞬间之外的所有背景噪声视为没有意义而消除掉。这个设备显然不能有效地抵抗寄生信号,特别是寄生信号的循环周期非常接近于接收信号的周期。因此,存在信息的两个方面,它们在技术上的区别是在于在传输中所需要的条件是相反的。从某种意义上讲,信息承载着一系列不可预测的新状态,而不是任何可预先定义的序列。因此,这就是要求信息通道相对于它所承载的调控的所有方面都是绝对适用的。信息通道本身不应带着任何预定形式,也不应具有选择性。一个完美和有效的放大器应该能够传输所有频率和所有振幅。从这个意义上讲,信息具有某些纯粹偶然的、没有规律的现象,就好像分子热搅拌运动、放射性发射、热电子或光电效应中的不连续电子发射。这就是为什么准确的①放大器会比带宽较小的放大器产生更高的背景噪声的原因,因为它会放大电路中由于各种原因(例如热效应引起的电阻、电子管中电子发射的不连续性)产生的白噪音。噪音没有意义而信息则有意义。相

———————————

① 高带宽。

反的是，信息与噪音的分别在于，人们能使用某种编码相对地规则化信息。当噪音不能直接地被调低到某种程度时，则需要降低不确定性范围以及信息信号的不可预见性。这也是我们在上面提到的，根据周相对比器来接收同步化的信号。在这里被降低的，是暂时的不确定性范围：假设信号将在某个时间间隔内出现，该时间间隔等于重复性现象周期的一小部分，完全由其相位确定。随着发射器的稳定性和接收器的稳定性的提高，可以对设备进行更精细的调整。信号的可预测性越高，则越容易将信号与作为背景噪声的随机现象区分开来。降低频宽也是一样：当电路由于背景噪声过多而无法再传输语音时，可以在单一频率的信号中进行传输，就像我们用摩斯密码一样。在接收时，调节到单个发射频率的滤波器仅让频率在该窄带范围内的声音通过。当通过的低度背景噪声的水平减少，则接收的频带变窄，也就是说共振越尖锐。

这种对立代表着一种技术上的矛盾，这为哲学思考带来了一个问题：信息**就像是**偶然的（hasard）事件，但是却与偶然的事件区分开。绝对的刻板（stéréotypie），不包括任何新颖性，也排除任何信息。然而，分别信息以及噪音需要降低不确定性的限度。如果时基像莱布尼茨的单子那样不会错乱，那么我们可以随意减少振荡器同步的时间。同步脉冲的信息作用将完全消失，因为没有什么要同步的：同步信号对于要同步的振荡器将不再具有任何不可预测性；为了保持信号的信息性质，必须有一定的不确定性范围（marge d'indétermination）。可预测性是获得这种额外精确度的基础，它在很多情况下将其与纯粹的偶然提前区分开（部分地将其预设）。因此，信息处于纯偶然和绝对规律之间。我们可以说，有绝对规律性的形式，无论是空间性还是时间性，它都不是信息，而是信息的条件。它的角色是接收信息，它是信息的先验条件。形式具有选择的功能。然而，信息并不是形式，也不是形式的汇集，它是形式的变异，是与某形式相对的变化。它是形式多变的不可预见性，不是所有变化的纯粹不可预见性。我们需要分别三个概念：纯偶然，形式，以及信息。

　　然而，迄今为止，紧随现代热力学和能量学最新发展的技术哲学还处于新阶段，它尚未清楚地区分信息的形式。生命与机器之间以及人与机器之间存在重要的鸿沟，这是因为生命需要信息，而机器本质上是使用形式，或者可以说是由形式构成的。哲学思想只有成功阐明了形式与信息之间存在的真正关系，才能把握机器与人之间的耦合的意义。生命将信息转化为形式，将后验转化为先验；但是，这种先验总是面向接收信息来诠释。相反，机器是根据一定数量的图式制造的，并且以确定的方式运行。它的技术性，它在元素层面的功能具体化是形式的确定。

　　然后，人类似乎不得不将机器中的形式转换为信息。机器的操作不会产生信息，而仅仅是形式的收集和修改。一台机器的运行是没有意义的，它不能为另一台机器带来真正的信息信号。它需要一个生命体作为中介，以信息来诠释功能，并将其转换为形式以供另一台机器的使用。人类理解机器。人类的功能在机器之间而不是在机器上方，因此可以有一个真正的技术组合。是人发现了意义（signification）：意义是事件相对于已经存在的形式所具有的意义。意义使一个事件具有信息的价值。

　　这个功能是技术个体的发明功能的补充。人，作为机器的诠释者，也是根据图式建立了固定的形式来让机器运作的人。机器是人类沉淀的、固定的、成为定型并可以重复的姿势。人类想到并建造了具有两个稳定状态 * 的二位置继电器。人以有限次数描绘了它的操作，现在二位置继电器可以以无限次数执行其平衡反转操作。在既定的活动中，它永久地执行（由人类所设计的）操作。机器的建造完成了从心理功能到身体功能的过渡。在人们想到二位置继电器的过程与这种内置二位置继电器的物理操作过程之间存在着真实而深刻的动态类比。在发明者和机器之间存在着一种等力（isodynamisme）的关系，这比格式塔心理学家解释感知时所称的同形论（isomorphisme）更为重要。机器与人之间的类比关系不在身体功能的层面上。机器既不进食、不感知，也不休息，控制论的文献错误地利用了类比（analogie）的概念。实际上，真正的模拟关系是人的心理功能与机器的身体功能之间的关系。这两个操作的并行不是在日常生活中而是在发明中出现。发明就是要使一个人的思维功能像机器一样，既不是根据过于零散的因果关系，也不是根据过于单一的终极性，而是要根据操作功能的动态性，后者因在发生过程中产生和伴随而被经历和把握。机器是运作的存在。它的机制具体化了曾经在思想中存在过的连贯的动态。在发明期间，思想的动态被转化为功能形式。相反，机器在运行时会围绕其功能的基本节奏经历或产生一定数量的变化，这是由定义它的形式所造成的。这些变化是显著的，因为与功能原型有关，后者是发明过程中的思想。我们必须发明或重新发明机器，以便机器功能的变化可以成为信息。发动机的噪音本身没有信息价值。它通过节奏变化、频率或音色变化、瞬态变化来获得价值，这些瞬态变化转译了发明产生的功能变化。当机器之间的相关性纯粹只是因果关系时，就不需要人类的干预来作为机器的相互解释器。但是，当机器包含调节时，人的角色是必需的。一个有调节性的机器在它的功能里拥有某种不确定性的边缘；它可以，例如说，加速或减速。自此，速度的变化都是有意义的，并且可以顾及机器外部，在整个技术组合内发生的事情。当一个机器越自动化，速度的可能性变化会被减弱，也就是说这些变化都不能被察觉；但实际上，这种情况会发生在一个非常稳定的振荡器与另一个更稳定的振荡器同步的情况下：只要振荡器不稳定，它就可以继续接收信息。就算功能的不确定性范围减小，同步在这个不确定性范围内部仍然具有意义。当同步脉冲作为对运行状态的反复时间形式的极微小的变化而干预时，则具有意义。同理，降低功能的不确定性并不会将机器与其他的机器分隔；它将意义的变化（也即信息）变得更准确、更严格以及更精细。但是，这些变化总是要与机器发明的基本方案有关才有意义。

完美自动机的概念是通过达到极限而获得的，它掩盖了一些矛盾：**自动机将是一台如此完美的机器，其功能不确定性范围的值将为零，尽管如此，它仍然可以接收、诠释或发布信息。但是，如果功能的不确定**

性范围的值为零,则不可能有更多变化。该操作会无限地自我重复,因此循环没有任何意义。它仅在自动化期间维护信息,因为信号的精细度会随着不确定性程度的减少而增加,这意味着即使不确定性范围变得非常狭窄,该信号也能保持清晰。例如,当振荡器的频率相对稳定,只有接近千分之一的变化,则其可能的相位旋转随时间变化的同步脉冲可能会变到百分之十;或者不会陡峭,并且具有可变的持续时间,将只有很小的信息值用于同步。为了使本来就非常稳定的振荡器同步,可以使用完美切割的短脉冲,后者的相位角非常恒定。当信息与接收的个体的自主形式一致时,信息变得更加重要,或者说它具有更大的干预价值。因此,当要被同步的振荡器的固有频率与同步脉冲的频率相差很远时,就不会发生同步。当信号的自主频率弱得多,与同步脉冲的频率彼此接近时,则会发生同步。但是,我们必须更精细地解释这种关系:为了使重复脉冲与振荡器同步,这些脉冲必须在操作的关键周期到达,即紧接平衡反转之前的时刻,也就是说在相位开始之前。同步脉冲以非常小的附加能量的形式到达,从而加速过渡到下一阶段,而该过渡尚未完全完成;脉冲**触发**。因此,当自主频率比同步频率稍低时,可获得最大的同步精确度和最高的灵敏度。与这种形式的循环相比,非常轻微的脉冲具有意义,可以传达信息。振荡器的平衡反转的时刻也是到达亚稳态(包括能量积累)的时刻。

正是临界周相的存在解释了同步操作的困难,而同步操作不会提供状态的突然反转:正弦振荡器比张弛振荡器﹡更不容易同步;在正弦振荡器的操作中,不确定性范围确实不是那么关键。我们可以在该周期内随时更改操作。相反,在张弛振荡器中,不确定性在每个周期的末尾累积,而不是散布在整个周期内。当平衡被逆转时,张弛振荡器不再对它产生的脉冲敏感。但是当它即将倾覆时,它便非常敏感。相反,正弦振荡器在整个周相都敏感,但敏感度不高。

因此,必须将机器不确定性范围理解为操作中一定数量的关键周相。能够接收信息的机器是在敏感、具有丰富的可能性的时刻,能够暂时局部化(localise)其不确定性的机器。该结构是决策的结构,但也是中继(relais)的结构。可以接收信息的机器就是那些可以局部化其不确定性的机器。

决定的局部化的这一想法并非不存在于控制论的著作中。但是,控制论研究缺少的是信息接收和信息传输的可逆性的概念。如果机器在关键周相(例如张弛振荡器的相位)下运行,它既可以发送信息也可以接收信息。因此,张弛振荡器由于其不连续操作而发出脉冲,可用于同步另一个张弛振荡器。如果在两个张弛振荡器之间进行耦合,则两个振荡器将会同步,但我们无法确定哪个同步,哪个被同步。实际上,它们彼此同步,并且整体作为单个振荡器工作,其周期与单个振荡器的自然周期略有不同。

将开放机器和封闭机器(如果我们借用柏格森的这两个形容词)对立似乎太容易了。然而,这种差异是真实的。机器中调节的存在使机器在局部化临界周期和临界点(points critiques)的范围内保持开放状态,也就是说,可以从中修改机器的能量通道及其特征。机器的个化与临界形式和元素两者的分离是齐头并进的。机器只要具有临界元素,就可以与外界联系;然而,机器中这些关键点的存在证明了人类的角色:机器的动态(régime)可以通过来自外部的信息来改变。因此,正如我们通常所说的,一台计算器不仅是一组二位置继电器。的确,计算器具有大量特定形式,即一系列二位置继电器操作的特定形式,它代表一系列加法运算。但是,如果机器仅仅是这样的组成,它将无法使用,因为它无法接收任何信息。实际上,它还包括所谓的决策系统。在操作机器之前,必须对其进行**编程**。有了提供脉冲的多谐振荡器,和一系列的二位置继电器加起来,这还不算是计算器。一定程度的不确定性范围的存在使计算成为可能:机器包括一组通过编程控制的选择器和开关。即使在最简单的情况下,举个例子,由二位置继电器和计数脉冲组成的秤,如在盖革-米勒管计数器之后使用的那些,在操作上也存在一定程度的不确定性。通电的盖革管在开始新相时的状态与张弛振荡器相同,或者相近于动摇不定的多谐振荡器。唯一的区别是它的亚稳态(对应于在盖革-米勒管的张力平稳状态)在管中持续了很长一段时间,直到释放出更多的能量来引发电离为止。而在多谐振荡器中,这种状态是瞬态的,这是电子管或晶闸管外部带有电阻器和电容器的电路的活动持续的缘故。

在所有可以传输信息的不同类型的设备中仍然存在这种不确定性范围。诸如三极管,热电或晶体之类的连续继电器可以传输信息,因为在供电的端子处的势能不足以确定发送到输出电路的能量的有效和实际的数量:在能量实现中这种开放的可能性关系只有在附加条件(即信息到达控制枢纽)下才关闭。我们可以将连续继电器定义为转导器(transducteur,或换能器)①,也就是说,将其定义为介于势能和该能量的实现位置之间的可调控电阻:该电阻由能量外部的信息模块化势能和电流能来调控。然而,"可调控电阻"(résistance modulable)一词太含糊和不足。如果它确实是真正的阻力,那么它将成为势能实现领域的一部分。但是,在理想的转导器中,能量不会被实现(消耗),两者都不被存储:转导器既不在势能领域,也不在电流能量领域;它确实是这两个领域之间的中介者,但它既不是能量积累领域,也不是实现(actualisation)的领域:正是这两个领域之间的不确定性范围,牵引势能的实现。正是在这种从潜力到实现的过渡中,信息出现了。信息是实现的条件。

然而,这种转导(transduction)概念可以被普遍化(概括化)。它以纯状态(état pur)存在于不同物种的换能器中,作为调节功能存在于所有机器中,这些机器在功能上具有一定的不确定性。人以及生物都是转导器。基本的生物、动物都是一个转导器,因其将化学能量储存起来,然后在不同的生命过程中将它们转化。柏格森清楚地强调了生命

---

① 译注:或译换能器、传感器、变流器,因为作者用 transduction 一词来描述人和机器,所以我们统一译为转导器。

的这种功能,它建立能量潜力,并骤然消耗它们。但是柏格森要在这里阐明时间凝聚的功能,这是生命的构成。但是,积累的缓慢过程和实现的瞬时突变之间的关系并不总是存在。生命体可以缓慢地实现其势能,例如热调节或肌肉张力。重要的不是潜能化(potentialisation)和实现化过程的时间机制上的差异,而是生命体在潜能和在实现中的能量之间充当转换器的这一事实。生命体能够调控,它内里有调控的过程,而不是能量或效应器的储备。称之为生命体同化(assimilation)也略嫌不足。同化是转导功能中可释放和可实现的潜能的来源。

但是,人与机器之间的关系处于转导功能的水平。我们可以很容易地制造出能量积聚远大于人体的机器,也可以使用构成优于人体的效应器(effecteurs)的人工系统。但是建造与生命体相当的转导器(transducteurs)非常困难。实际上,生命体的转导功能并不完全像机器的一样,因为它内里还有更多东西;机械转导器是具有不确定性范围的系统,信息带来了确定性。但是,我们必须将此信息提供给转导器。转导器并没有发明信息。后者是通过类似于生物感知的机制来提供的,例如通过效应器(热力机输出轴上的仪表)发出的信号。相反,生命体即使在没有任何感知的情况下也有能力向自身提供信息,因为它有能力修改要解决的问题的形式;至于机器,它并没有问题要解决,只有转导器调控的数据;多个转导器可以根据可转换的图式来互动,例如阿什比(Ashby)的稳态调节器,但它并不构成解决问题的机器;这些互为因果的转导器都在同一时间(tous dans le même temps)。它们实际上相互制约。对于它们来说,永远不会有问题,它总会跨过前面的障碍。解决问题,是能够跨越它,并且能够重新设计作为问题真正数据的形式。解决实际问题的方法是一项至关重要的功能,它假定机器中不存在一种周期性的行动模式:未来重现于当前,虚拟于现实。机器并没有真正的虚拟。机器无法改变自身的形式来解决问题。当阿什比的稳态调节器在运行过程中自行切换时(因为我们可以赋予该机器按其自身的选择机制执行操作的能力),它的特性会发生跳跃,从而否定所有以前的操作。在每一刻,机器都存在于现实(actuel),而它并没有真正改变形式的能力,因为没有所谓的旧的形式,就好像从来都只有一台新机器一样。每个操作都是瞬时的。当机器通过切换来改变形式时,形式的改变并非解决问题,并不是根据要解决的问题提出的形式的修改。虚拟不会作用在现实上,因为虚拟并不存在于机器中。机器只能作用在已经被给予的东西上。生命体根据虚拟来自我改变的能力是时间感,但机器并不可以,因为它没有生命。

技术组合的特征在于,在每个技术物的操作不确定性范围内建立技术物之间的关系。技术物之间的这种关系,就其与各不确定性相关而言,则属于问题类型,因此,不能由技术物本身来假定;它不能是计算的对象或结果:它必须被一个生命体思考,并作为生命体的问题。我们所说的人与机器之间的耦合或可表达为人对机器负责。这种责任不是生产者的责任,而是第三者的责任,见证着只有他才可以解决的困难,因为他是唯一能够思考的。人是机器的见证,并代表它们彼此之间的关系。机器既不能思考也不能维持彼此的关系;它们在当前只能根据因果关系互动。人作为机器的见证人负责它们之间的关系;单个机器代表人,但是人代表整个组合的机器,因为没有一个所有机器的机器,但可以有一种针对所有机器的思想。

我们所说的技术态度(attitude technologique)可解释为使人不仅关注技术存在的使用,而且关注技术存在之间的相互关系。当前文化和技术之间的对立源于以下事实:技术物被认为与机器等同。文化不理解机器;它不足以应对技术现实,因为它将机器视为封闭之物,并且将机械功能视为重复的定型。技术与文化之间的对立将一直持续到文化发现每台机器不是一个绝对单位,而只是一个个化的技术现实,并以两种方式开放:与元素的关系和技术组合中的个体之间的关系。文化赋予人与机器的关系中的角色相对于技术现实是站不住脚的(porte-à-faux)。它假定机器是实质性的、物质化的,并因此贬值。实际上,机器的一致性和实体性都比文化所假设的低。机器不是作为整体与人类联系起来的,而是在于其元素的自由的多元性,或者在技术组合内与其他机器的可能关系的开放性。文化对机器是不公平的,不仅在于对机器的判断或偏见,而且在知识水平上:文化对机器的认知意向是实体化的(substantialisante)。机器被纳入这种简化的视野中,后者认为机器自身是完整的和完美的,并将其与它当前状态以及物质决定视为一致。这种同样的态度也出现在对于艺术品的认知上,它将绘画简化为一张伸展开来的画布上的干燥和破裂的油漆。而对人类而言,则是将主体简化为一套固定的恶习、美德或性格特质。[1]

将艺术简化为艺术物,将人简化为仅仅是某些性格特征的载体,就好像我们将技术现实简化为机器的乌合之众一样;然而,在前两种情况下,这种态度被认为是无礼的;在后一种情况下,它因为遵循文化的价值观而被接受,但与前两种情况一样,破坏性的简化却是相同的。它只是通过知识本身做出的隐性判断。机器的概念已经被扭曲,就像我们对外来者的刻板印象一样。

但是,外来者之所以成为有教养的思想的对象,不是因为他是外来者,而只是因为他是人类。只有当判断主体和外来者之间的关系多样化,获得一种多形式的流动性,以赋予其某种一致性以及明确的现实力量时,外来者的刻板印象才能转化为公平和充分的表述(représentation)。刻板印象是二维的表述,就像图像一样,没有深度也没有可塑性。为了使刻板印象成为表述,那么与外来者的关系的经历必须是多种多样的。外来者并不再是外来者,而是他者,因为外来者的存在不只是相对于判断他的主体,而且相对于其他的外来者。当主体与外来者之间的关系被众人认识到了,那么这种刻板印象就消失了,它不再将主体和外来者锁定在不变的不对称的相互关系中。同样,只有当人与机器之间的关系(不对称的关系,因为它是排他性的)能够被客观地看待时(在非主观性的措辞之间,在技术物之间),人对机器的刻板印象才可以被修正。

---

① 这种简化的态度可能存在于整个区域(区域主义)。

为了将技术内容的表现形式并入文化中,必须客观化技术关系。

对机器的先入为主和排他性不会导致技术性的发现,正如这种与外来者的关系不容许了解后者生活模式的内在性,以及根据文化来了解他。仅仅光顾多台机器是远远不够的,正如多认识几名外来者一样。这些经历只会导致仇外心理或媚外心理,它们既对立又同时充满热情。要通过文化来理解一个外来者,必须跳出自身之外,客观地看到两者都是彼此的外来者这一关系。同样,如果仅靠一种技术不足以提供文化内容,那么一所理工学院也不足够。它只会产生技术官僚的倾向或对整体技术的拒绝。

四、哲学思想必须通过创立技术学(technologie) 来将技术现实整合到普遍文化中

容许人们客观地看到技术关系的首要条件,是将对技术现实的认识及其所隐含的价值整合到文化里面。但是,这些条件已在使用具有足够不确定性范围的机器的技术组合中实现。人类必须在机器之间作为调解者进行干预的这一事实,使他获得了独立的地位,并获得技术现实的文化视野。与单个机器建立非对称关系的参与并不能为这种我们称之为技术智慧(sagesse technique)的诞生提供必要的视角。只有涉及对机器的具体连结和责任(自由则根据具体情况决定),才能使这种技术意识变得泰然。就像书写文化需要有智者一样,他们以某种视角处世和考虑人际关系,他们具有泰然而深远的判断力,同时又保持了与其他人的有强度的联系;所以技术文化也需要发展一种智慧,我们称之为技术智慧,它使人们感受到他们对技术现实的责任,但又不受个别技术物的即时和排他性关系的束缚。对于工人来说,①很难通过其日常

---

① 应使用操作者的中立术语。

工作的特征和方式来了解机器的技术性。对于拥有机器并将其视为生产资本的人来说,要了解其基本的技术性也很困难。只有机器之间关系的调解者,才能发现这种特殊形式的智能。但是,这种功能还没有社会地位。这种功能可由工程师来承担,如果后者不只关心实时产出,不受制于机器的外在终极性,即生产力的目的。我们试图描述的功能是机器心理学家或机器社会学家的功能,我们可以称其为机械学家(mécanologue)。

我们根据诺伯特·维纳(Norbert Wiener)的意向找到了这一角色的草图。维纳创立了控制论,这是关于生物、机器控制和通信的科学。控制论的意义被误解了,因为人们以旧的观念或趋势来判断以及简化它。在法国,对控制论的探索以信息论的统一以及对控制和自我调节方案的研究为前提,它已分为两个不同的分支。一方面是路易·德·布罗意(Louis de Broglie)及其团队对信息理论的研究,他们将其研究发表在《光学期刊》(*Revue d'Optique*)上;另一方面是对于自动化的研究,例如阿尔伯特·杜克罗克(Albert Ducrocq)等工程师,他们代表了技术主义和技术官僚主义的趋势。但是,正是这两个趋势之间的联系才容许我们发现技术现实中涉及的价值并将其纳入文化。信息论实际上是科学的:它采用类似于热理论的操作模式。相反,杜克罗克的技术主义是在自动机器的运作中寻找某些功能,后者可以通过自动化的类比来解释其他类型的现实。自我调节机制的理论尤其容许我们勾勒出一个解释生命起源的假设。无论是主要的心理操作,还是某些神经功能,都可以用类比来解释。实际上,这些相似的类比,就算它们不是随机的,也仅表明生命体和机器之间存在着共同的功能。它们使这些操作的本质问题得以保留:这种技术主义是一种现象学,而不是对实现的方案和条件的本质的深化。

诚然,人们可能不接受诺伯特·维纳描述信息的方式,而他的工作的基本假设在于肯定信息与背景噪声是对立的,就好像负熵和热力学定义的熵是对立的。即使这种分歧(divergent)决定论与趋同(convergent)

决定论的对立并不能理解技术现实以及它与生命的关系,这种对立也包含了一种方法,它容许我们发现及界定一系列的价值,后者应用于技术操作以及用于思考它们的概念中。然而,我们可以进一步发展诺伯特·维纳的思想。在书的最后,维纳想探讨他所定义的概念如何用于社会组织。维纳指出,大群体比小群体包含的信息少,因为大群体中最不"稳态的"(homéostatiques)人类因素往往占据领导地位。相反,根据维纳的观点,一个群体中包含的信息量与该群体稳态的完善程度成正比。那么,基本的道德和政治问题在于如何把代表稳态力量的那些人放到领袖的位子上去。但是,维纳说,在那些了解内环境稳态(homéostasie)的价值以及信息的人之中,没有一个能够掌控权力。所有控制论专家站在主宰集体命运的人前面,就好像想要在猫脖子上挂铃的老鼠(《控制论》,第 189 页)。作者试图说服统治者的努力使他充满了痛苦,这使人想起了柏拉图在《第七封信》中表达的失望。但是,我们可以尝试在对技术的理解与领导人类群体的力量之间发现一种与维纳所设想的非常不同的调解(médiation)。因为很难使哲学家成为国王或国王哲学家。经常发生的情况是,已成为国王的哲学家不再是哲学家。技术与权力之间的真正调解不能是个体的。这只能通过文化作为中介来实现。因为只有一种东西容许人去统治:他所接受的文化。正是这种文化赋予了人意义和价值。就算是某一个人统治了其他人和机器,实际上是文化统治了人。但是,这种文化是由受统治的群众发展而成的。因此,严格说来,统治者施加的力量不是来自他自身,权力只是在他身上结晶和具体化。它来自受统治的人,然后再循环返回到他们那里。那是一种反馈(récurrence)。

但是,在技术发展薄弱的时期,被统治者对文化的阐述足以使政府思考群体的所有问题:因果和信息的反复循环是完整的,因为它以统治者为中介贯穿不同的群体。然而,事实不再如此:文化仍然是以人为基础,由一群人所制定的。现在,通过统治者,它回返,一方面施加于人类群体,另一方面施加于机器:机器受一种文化的支配,而这种文化不是由它们自己来制定的,所以它们是缺席了,这种文化不足以代表它们。如果说统治者不掌握总体现实,那是因为他所当掌握的只是完全基于人的。文化起着规范的作用,并在统治者与被统治者之间形成循环的因果联系:它的起点和终点是被统治者。社会动态平衡的缺乏源于以下事实:在作为调节关系的文化中,有部分的被统治现实没有被充分代表。

因此,技术学家的任务是代表技术物和那些制定文化的人(如作家、艺术家,以及通常在社会心理学中被称为核心人物的人)对话。并不是将技术现实的充分体现整合到文化,社会就会实现机械化。没有理由认为社会是无条件的内环境稳定的领域。维纳似乎接受了不必要的价值假设,即良好的内环境稳定性是社会的最终目的,而理想是促进政府的所有作为。实际上,正如生命体依靠内环境稳定性来发展和成长,而不是永远保持在同一状态一样,在政府的行为中,也有一股绝对的进步力量(force d'avènement absolu),它基于内环境稳定,但同时超越并利用了它。必须通过提高和扩大技术领域,将技术现实的表述形式整合到文化中,必须把终极性问题放回原处,好像技术一样。终极性问题被错误地认为是伦理的,有时甚至是宗教的。技术的不完善使终极性问题变得神圣,并使人屈服于想象中的绝对目的。

因此,不仅必须从目前的水平来了解技术物,而且还必须理解它们的技术性作为人与世界之间关系的模式,好像宗教模式和审美模式一样。如果我们只是专注于前者(技术模式),那么技术性就会变得专横,以为它可以解决所有的问题,就好像今天的控制论系统所做的那样。实际上,要想根据技术性的本质公平地理解它,正确地把它整合进文化,就必须知道技术性与人类世界中其他存在模式的关系。从技术物的多元性开始的归纳研究都无法发现技术性的本质;因此,必须通过一种哲学方法,根据发生论的(génétique,或遗传学的)方法(这是必须尝试的)对技术性进行直接的研究。

第三部分

技术性的本质

技术物的存在及其发生(genèse)的条件给哲学思想带来了一个问题,这个问题不能通过简单地考虑技术物本身来解决:技术物的发生对于思想的总体、人类的存在,以及它在世界上的存在模式到底有什么意义?思想和在世界中的存在模式(du mode d'être au monde)的有机特征(caractère organique)这一事实迫使我们认识到,技术物的发生对人类的其他生产以及人类面对世界的态度都有影响。这只是一个单向且非常不完善的问题,因为如果将技术物的出现视为发生过程的一环,那么除此之外它并没有任何真正的本质。确实,没有任何证据可以证明这是一个独立的现实,即技术物具有确定的存在模式。

如果这种存在模式的定义是因为它有发生过程,那么生成物的发生可能不仅是物的发生,甚至是技术现实的发生:它可能来自更远的地方,属于一个较大过程中的部分,并且在产生技术物之后,也许还会继续产生其他现实。因此,我们必须了解技术性的发生,物和非物化(或非客体化)的现实的发生,以及涉及人与世界关系的发生,技术性的发生也许只占一小部分,它受到其他发生(之前的、以后的,或者当前的,与技术物的发生相对应)的支持和平衡。

因此,我们必须对人与世界之间的关系进行广义的发生学(interprétation génétique)的解释,以掌握技术物的存在的哲学意义。

但是,关于发生学的概念值得澄清:这里的"发生"这个词是按照我们在《在形式和信息的概念下重新思考个体化》一书中所赋予的意义来使用的,即"个体化"的发生过程。当系统具有原始超饱和的现实、丰富的潜力,超过了统一性,同时内部隐藏着不兼容性时,它引发了个体化的(发生的)过程,以使系统重新发现兼容性,并且通过结构化来解决此问题。这种结构化的目的是达到亚稳态的组织。这样的发生与系统的潜能的退化相反,后者进入一种稳定状态,不再可能有任何转变。

我们对人与世界之间关系的生成所做的一般假设,是将人与世界形成的整体作为一个系统来考虑。但是,这一假设并不局限于肯定人与世界构成了一个生命系统,涵盖了生命体及其环境。进化确实可以被视为一种适应(adaptation),也就是说,通过缩减生命体与环境之间的差距来寻求系统的稳定平衡。然而,适应的概念,加上功能以及与之相关的功能终极性的概念,将导致人们认为人与世界之间的关系将趋向于稳定的平衡状态,然而以人类为例这并不准确,也许对于任何生命体来说也是如此。如果我们想为这种发生式的生成的假说保留一个生机论的基础,我们可以诉诸柏格森提出的生命冲动(élan vital)的概念。现在,这个概念非常适合用来显示适应概念中缺少的东西,以允许对生命生成进行解释。这两者并不协调,在适应和生命冲动之间存在着一种不可调解的对立。这两个对立的概念所形成的耦合似乎可以用超饱和系统的个体化概念来代替。个体化是通过发现具有丰富潜力的系统中的结构,来化解张力的过程。张力和倾向可以被认为是系统中真实存在的:潜能是实在(réel)的一种形式,与现实(actuel)一样完整。一个系统的潜力构成了它在生成中不退化的能力。它们不是未来状态的简单虚拟性,而是一个促使它们存在的现实。生成不是将虚拟性实现的过程,也不是当前的现实冲突的结果,而是在现实中拥有潜力的系统的运作:生成是系统的一系列结构化,或者系统的连续个体化。

然而,人与世界的关系不是简单的适应,而是由自我调节的终极性确定,该定律倾向于发现越来越稳定的平衡状态。相反,这种关系的进化(技术性以及其他存在模式参与其中)表现出逐步增强的进化的力量,它发现了能够使其进化的新形式和力量,而不只是稳定它,让它越来越受限制。终极性这一概念当应用到生成时,似乎不足以解决问题,因为人们确实可以在此生成内部找到有限的终极性(寻找食物、防御破坏性力量),但是没有一个单一的、更高的结局可以叠加在进化的各个方面上,以协调它们,并且通过寻找优于所有特殊目的的目的来理解它们的方向。

这就是为什么这样的一个假设仍是可能的,这个假设引进了一个发生图式(schème génétique),它比适应和生命冲动之间的对立还要更基本,这两者只是它的抽象的、局部的例子而已:个体化过程中结构化的连续阶段,通过连续的结构的发明,从一个亚稳态到另一个亚稳态。

通过物的使用所表现出的技术性可以理解为一种结构中的呈现,该结构暂时解决了人与世界之间关系的原始和本源周相所构成的问题。我们可以将这个第一周相命名为**魔术周相**(从最一般的意义上讲),然后将魔术的存在模式视为前技术和前宗教的存在模式,它紧接在生命体和它的环境的关系之上。与世界关系的魔术模式并非没有任何组织:相反,它拥有丰富的隐含性的依附于世界和人类的组织。人与世界之间的调解在这里尚未具体化,尚未通过专门的物或人来构成独立存在,但从功能上来说,它出现在最初的结构中,是所有结构中最基本的:它揭示了宇宙中图形与背景之间的区别。技术性表现为一种解决不兼容性的结构:它专门化了图形的功能,而宗教则专门化了背景的功能。充满潜力的原始魔术宇宙的结构化一分为二。技术性似乎是解决人与世界关系问题的方法的两个面向的其中之一,另一个面向既是同时也是相关的,即确立的宗教制度。但是,生成并不止于技术性的发现:从解决方案来看,技术性可以再次成为问题,那是当它的进化将技术物引向技术集合而构成系统时:技术宇宙变得饱和,甚至达至超饱和,同时在宗教宇宙也是如此,就好像之前魔术宇宙所发生的一样。技术性在技术物的固有性(inhérence)是暂时的;它只构成发生生成的一个片刻。

根据该假设,技术性绝不应被视为孤立的现实,而应被视为系统的一部分。它是局部现实和过渡性现实,它是发生的结果和原理。它也是进化的结果,是进化力量的保存者,这正是因为它作为人类与世界之间的中介的力量解决了第一个问题。

这种假设将产生两个结果:首先,物或思想的技术性不能被视为完整的现实或独立地拥有自己的真理的思想模式。由技术性产生的任何形式的思想或任何存在方式,都需要以另一种来自宗教模式的思想或存在模式来补充和平衡。

然后,技术性的出现标志着原始魔术一体性的破裂和一分为二,技术性像宗教性一样,继承了进化分支的力量。在人的存在于世界的模式的生成中,这种分支力量必须由一种聚合力量来补偿。虽然分支仍然存在,但是这种关系式的功能保持了一体性。如果没有聚合力量来抗衡分支,那么魔术结构的一分为二不可能实现。

出于这两个原因,有必要研究技术性的起源、它的目的地以及它与人在世界上的其他存在模式的关系,就是说,它如何产生聚合功能。

现在,生成的一般意义如下:思想的不同形式和存在于世界中的形式在它们刚出现时(即当它们不饱和时)就已经分支。然后当它们超饱和并倾向于产生新的分支时,它们会重新聚合。由于存在于世界中的进化形式的超饱和,在审美思想的自发(spontané)层面和在哲学思想的反身(réfléchi)层面,聚合的功能得以可能。

技术性通过再次纳入它所施加在世界的现实,而变得超饱和。宗教则是通过纳入人类群体的现实来调解其与世界的原始关系。因为超饱和,技术性分支为理论和实践,而宗教性则分为伦理和教条。

因此,不只是有技术性的发生论,而且还存在着由技术性作为起点的发生论,原始技术性分裂为图形和背景,背景对应于独立于各种技术姿势的整体功能,而由明确和特殊的图式构成的图形则规范了每种技术的行动方式。技术的背景现实构成了理论知识,而特殊的图形则成为实践。相反,宗教的图形现实构成了自身的教条,而背景现实却成为伦理并与教条脱离。在技术产生的实践和宗教产生的伦理之间,在技术产生的科学理论与宗教的教条之间,同时存在一种类比以及一种不兼容性。而类比来自表象或活动方面的一致性,而不兼容性是由于这些不同的思想模式要么来自图形现实,要么来自背景现实。哲学思想介入了思想的两个表象秩序和两个主动秩序之间,具有将它们聚合在一起并在它们之间建立调解的功能。现在,为了使这种调解成为可能,必须从以前的技术性和宗教性的各个阶段中了解并完整地处理这些思想形式的起源和发生。因此,哲学思想必须重新思考技术性的发生,并将其整合到在它(技术性的发生)之前、之后以及围绕它的各种发生过程中去,这不仅是为了能够了解技术性本身,而且是为了掌握它们的基础,甚至是支配哲学的问题:知识论和行动论,与存在论之间的关系。

第五章　技术性的发生

一、应用于生成的周相(phase)的概念:技术性作为思想的周相——魔术,技术,宗教,审美

这个研究假设技术性是人与世界构成的组合存在模式的两个基本周相之一。周相在这里的意思并不是指相继被取代的时间段,而是一个由于存在的一分为二而产生的面向(aspect),它跟另一个面向对立。"周相"这个词是受物理学中相位关系概念所启发的;我们理解一个周相是根据它与另一个或多个其他周相的关系;在周相系统中存在着平衡以及相互张力的关系;完整的现实是将所有周相放在系统里来看的,而不是只根据个别周相来看。一个周相是相对于其他周相而存在的,它们的区别完全不同于属(genre)和种(espèce)的概念。最后,多个相位的存在定义了中性平衡中心的现实,与之相对的是相移(déphasage)。这种图式与辩证图式是非常不同的,因为它并不意味着必然的连贯性,也不意味着否定性是进步的动力。此外,在周相图式中,对立只存在于相移(diphasée)结构的特殊情况下。

采纳一种基于周相概念的图式的目的在于实现一个原则,而根据这一原则,现实的时间性发展是通过从最初活跃的中心的一分为二

(dédoublement)来进行的，然后将由二分所产生的分裂的现实重新组合。每一个单独的现实都是另一个现实的象征(symbole)，因为一个周相是另一个或另一些周相的象征。没有一个周相是由自身来达到平衡的，而且它并不具有完整的真实性和现实性；每个周相都是抽象的、局部的、不稳定的(porte-à-faux)；只有集合各周相的系统才有平衡的中性点(point neutre)；它的真实(vérité)与现实(réalité)正是这个中性点，它的过程以及转换都是基于这个中性点。

我们假设技术性来源于一种独特的、中心的、原始的世界存在模式的周相性转变，即魔术模式。而宗教的模式是平衡技术性的周相。在技术与宗教之间的中性点，在原始魔术一体性分裂之时出现了审美思想(pensée esthétique)：它不是一个周相，而是标志着魔术存在模式一体性的分裂，以及重新找寻一种未来的一体性。

每个周相又分为理论和实践两个模式。因此，宗教和技术各有一种实践模式以及理论模式。

正如技术与宗教之间的距离孕育出审美思想一样，两种理论模式（分别来自技术与宗教）之间的距离催生了科学知识，作为技术与宗教之间的调解。技术实践模式与宗教实践模式之间的距离则孕育了伦理思想。审美思想并不是科学与伦理之间的中介，而是比它们更原始的技术与原始宗教之间的中介，因为科学与伦理的诞生需要首先在技术与宗教内部发生分裂为理论模式和实践模式。由此可见，审美思想确实处于中性点，它延长了魔术的存在，而科学与伦理则相对于中性点而对立，因为它们之间的距离与在技术和宗教方面的理论模式和实践模式之间的距离相同。如果科学和伦理可以汇合在一起，它们将在这个发生的(génétique)系统的中立轴上重合，从而提供第二个类比于魔术模式的一体性，高于作为第一个类比的审美思想，后者是不完整的，因为它处于技术和宗教之间的相变过程中。这第二个类比将是完整的；它将会取代魔术和审美；但也许只是一个起规范作用的倾向，因为没有任何事实证明理论模式与实践模式之间的距离可以被完全跨越：这个方向定义了哲学研究。

因此，为了理解技术物的本质，有必要研究人与世界关系的整个发生（genèse）。物的技术性是原始魔术一体性一分为二时所产生的人类与世界关系的两个周相之一。那么，我们是否应该把技术性看作整个发生的其中一个时刻？是的，从某种意义上说，技术性里头有某些过渡性的东西，它二分为理论和实践部分，并且参与了实践思想和理论思想的最终发生。但在另一种意义上说，在宗教性和技术性的对立里面，有某种确定的东西，因为我们可以认为，人存在于世界的原始的方式（魔术）可以提供（但不会耗尽）无定限的连续投入（apports），后者能够分裂为技术周相和宗教周相。因此，虽然发生过程是连续性的，但是不同发生过程的连续阶段都是在文化内里同时进行的。关系和互动不只存在于同时进行的周相之间，而且存在于连续阶段之间。因此，技术不仅可以与宗教和美学思想相遇，而且也和科学与伦理邂逅。但是，如果我们接受发生论假设，我们会察觉到科学或伦理不可能在真正的共同领域上与宗教或技术遭遇。因为这些不同程度的思维方式（如科学与技术）虽然存在于同一时间，但并不构成一条单一的发生线，也不来自原始魔术世界的同一种推动力。平衡和真实的关系只存在于相同水平的不同周相之间（例如技术和宗教的组合），或者同一谱系的发生过程的相继之间（例如 17 世纪的技术和宗教，以及其同时代的科学和伦理之间）。真正的关系只存在于一个基于某一中性点取得平衡、并从整体上来考虑的发生组合（ensemble génétique）中。

这正是要实现的目标：反身性思考的使命是纠正和完善发生的连续阶段，通过这些连续阶段人类与世界关系的原始一体性二分，并通过技术和宗教来滋养科学和伦理，在技术与宗教两者之间审美的思想得以发展。在这种连续的一分为二中，如果科学和伦理不能在发生过程结束时聚合在一起，那么原始的一体性就会失去；哲学思想便不得不加入理论思想与实践思想之间来了，以作为审美思想和原始魔术一体性的延伸。

现在,为了科学知识和伦理在哲学思想上的统一,科学和伦理必须是处于同一高度以及同一时代的,并抵达发生过程的同一点上。技术和宗教的发生是科学和伦理的条件。哲学是自我条件的,因为当反身性思维开始了,它就有能力通过对发生过程的自我意识,去完善尚未完成的发生过程。因此,为了能够深入地解决知识和伦理关系的哲学问题,首先必须理解技术的发生和宗教思想的发生,或者至少(这个任务是没有止境的)知道这两种发生的真正意义。

二、原始魔术一体性的相位差

因此,必须从人与世界关系的原始魔术一体性出发去了解技术与人类思想的其他功能之间的真正关系。正是通过这种考察,才有可能掌握为什么哲学思想必须实现技术现实与文化的融合,而这只有通过技术学(technologie)基础梳理出技术发生论的意义才有可能达到。那么技术和宗教之间的差距将会减小(这不利于知识和伦理的反身性综合的意向)。哲学必须作为技术学的基础,后者是技术的普遍主义(œcuménisme),因为了使科学与伦理在思考中相得益彰,技术的统一与宗教思想的统一必须出现在它们二分为理论和实践模式之前。

一个特定周相的发生可以以自身来描述,但它不能真实地被理解。因此,只有在被重置(replacée)于发生过程中以及基于一体性的假设时,也即是说,考虑到与其他周相的关联,它才能被理解。这也是为什么如果要理解技术性,从已被制造出来的技术物出发是不够的;技术物出现在某个特定的时刻,但技术性先于并超过它们。技术物是技术性客观化的结果。它们是由技术性所产生,但技术性并不是能在技术物之中被耗尽的东西,它也并不完全包含在技术物之中。

如果我们排除了人与世界的关系的连续性是一种辩证关系,那么有什么可以是技术性出现的连续性分支的动力？我们可以借鉴格式塔理论，同时将它在图形和背景之间所建立的关系普遍化。格式塔理论的基本原理来自古典哲学的形质论，应用于现代物理学形态发生（morphogénèse）的思考：系统的结构化倾向平衡状态而做出自发性的改变。在现实中，我们必须清楚区分稳态平衡和亚稳态平衡。图形和背景之间的区别的出现是由于内部张力和系统自身的不兼容性，我们可称为系统的超饱和状态。但是结构化并不是因为要发现最低水平的平衡：稳态平衡意味着所有潜力都被实现，这意味着所有转化的可能性的消亡。然而，那些恰恰表现出组织的最大自发性的生命系统是亚稳态平衡系统（systèmes d'éguilibre métastable）。结构的发现至少解决暂时出现的不兼容性，但它并不破坏潜能。系统继续生存和进化。它不会因结构的出现而退化。它保持着张力，能够自我改变。

如果我们接受这种纠正，并用亚稳态取代稳态的概念，那么格式塔的形式理论似乎就可以解释人与世界关系生成的基本阶段。

原始的魔术一体性是人与世界之间至关重要的纽带，它定义了一个同时是主观和客观的宇宙，先于主客体之分，也先于分离的客体的出现。人们可以将人与世界的关系的原始模式设想为不仅是先于世界的客观化，而且是先于将成为客观领域中的客观一体性的分离。人类所经历的宇宙是与他紧密相连的环境。客体作为人与世界之间的中介的孤立和分裂而出现。并且，根据原则，这种中介的客体化必须相应（相对于原始的中性点）一种中介的主观化。人与世界之间的中介客观化为技术物，而中介则主观化为宗教。但是，在这种对立和互补的客观化和主观化之前，是人与世界的关系的第一阶段，即魔术阶段。在这个阶段中，中介尚未被主观化或客观化，既没有分裂也没有普遍化，而仅仅是生命体栖身的环境的结构化中最简单和最基础的中介：存在与环境之间的有特殊意义的（privilégié）交换点网络的诞生。

魔术的宇宙虽然已经结构化，但它的模式是先于客体和主体的分离。这种原始的结构模式是通过标示出宇宙中的关键点来区分图形和背景的模式。如果宇宙没有任何结构,则生命体与环境之间的关系可能会在连续的时间和连续的空间中实现,但缺乏有特殊意义的时刻和地点。实际上,在统一体分离之前,产生了空间和时间的网状结构,强调了特殊意义的地点和时刻,就好像人的行动力量和世界影响人的能力都集中在这些地点和这些时刻。这些地点和时刻保持、集中并表达了支持着它们的现实背景中所包含的力量。这些地点和时刻不是分开的现实,它们从自己主导的背景当中汲取力量。但是它们局部化(localisent)以及焦点化(focalisent)生命体对其环境的态度。

根据这个一般的发生论假设,我们预设人类存在于世界的原始模式对应着主体性和客体性分裂之前的原始统一。第一种结构化,对应于在这种存在模式中图形和背景的出现,产生了魔术宇宙。魔术宇宙的结构根据最原始、最普遍的(prégnante)组织:将世界网状化为具特殊意义的地方和时刻的组织。一个有特殊意义的地方,一个有力量的地方,汇集它所在之处的一切力量和效率。它概括并包含了现实密集质量的力量。它概括并统治着这股力量,就像一个高地统治着一个低地一样。最高的山峰是山的主宰①,就如木头中最坚不可摧的部分就是它的真实所在。魔术的世界由拥有力量的地点和事物的网络组成,并与其他拥有力量的事物和地点相连。这道路、围墙,这τέμενος,包含了地方的所有力量,是事物的真实性和自发性的关键点,也是它们的可用性。

在这样的关键点和高地中,人类现实与客观世界的现实之间并不存在原始的区别。这些关键点是真实和客观的,但它们是人类与世界直接联系的东西,既受世界的影响又作用在世界上。它们是混合的、共有现实的接触点,交流和沟通的场所,因为它们是两个现实之间的一个节点。

---

① 这不是比喻而是真实的:构成整个地块的地质褶皱和推力是朝向它的。岬角是被海水侵蚀的山脉中最坚固的部分。

现在，魔术思想是第一位的，因为它对应于最简单、最具体、最大和最灵活的结构：网络化的结构。在由人与世界构成的整体中，最先出现的结构是具特殊意义的点的网络，实现了人类投放进去的努力，而经由它们，人与世界进行了交流。每个独特的点都集合了这种能力，它支配它所代表的世界的那一部分，并在与人的沟通中将其翻译为现实。反过来说，我们可以命名这些支配人与世界之间关系的独特的点为**关键点**，因为世界会影响人，同时人会影响世界。例如山峰或某些自然而神奇的峡谷，因为它们统治着地方。森林的心脏，平原的中心不仅是隐喻上或几何上指定的地理现实：它们既集中了自然力量的现实，又聚焦了人类的努力。作为图形结构，它们由整体（masse）支持，后者构成了它们的背景。

当我们试图从当前的生活条件中寻找魔术思想时，我们通常会以迷信为例。实际上，迷信是魔术思想退化的残余，在寻求其真正的本质时的误入歧途。相反，有必要启动高贵和圣洁的思想形式，来全力以赴地理解魔术思想的意义。例如，这是攀登或探索背后情感性、表现性和毅力的基础。征服的欲望和竞争意识可能存在于使我们从习以为常的生活转向出乎意料的行为的动机中。但最重要的是，当我们唤起征服的欲望时，我们要使个人的行为在群体中合法化。实际上，在做出不寻常的行为的个体或群体中，起作用的是一种更为原始和丰富的思想。

攀登、探索以及更普遍的开拓行为都呼应着自然中的关键点。爬上山坡并到达山顶，就是要到达命令整个山脉的具特殊意义的地点，不是要统治或占有它，而是要与它交换友谊。在加入关键点之前，人与自然并不是严格意义上的敌人，而是彼此陌生的存在。在攀登之前，山顶只是山顶，比其他地方都高。攀登让人感受到一个更加丰富和充实的地方，而不是抽象的特征，这个地方使人与世界之间的交流得以进行。顶峰是可以看到整个山脉的绝对地点，而其他地方的所有视野都是相对且不完整的，因此顶峰的视角是欲望所在。探险或航行允许人们以一定方式到达大陆，但这不是要征服。根据魔术的思想，它们是有价值的，因为它们允许我们在一个具特殊意义的地方（关键点）与这个大陆进行接触。魔术宇宙由联系每个现实领域的地点网络所组成：它包括了山口、顶峰、界限、障碍点等，它们彼此之间通过独特性和特殊性相互连接。

这个限制性的网络不仅是空间性的，而且是时间性的。在某些具特殊意义的日期或时刻，我们开始这个或那个行动。进一步来讲，开始的概念也是魔术式的，在开始日期所有个别的价值都被拒绝了。如果不考虑支配整个行动的持续时间与努力（无论幸福与否），那么持续性行动的开始，长期性的系列的首个行动，不应具有特殊的威严（majesté）和指导力量。日期是具特殊意义的时间点，可以使人的意图与事件的自发进行之间进行交换。通过这些时间结构，人被置入了自然的生成，就好像自然时间对（成为命运的）生命的影响。

在当今的文明生活中，大量的机构关注魔术思想，但被功利性的概念所主导，后者只是间接地合理化。这尤其见于休假、节日、假期，它们是对城市文明生活所造成的魔术力量丧失的补偿。因此，被认为可以提供休息和娱乐的假期旅行实际上是为了寻找新的或旧的关键点。这些点对于农民来说可以是大城市，对于城市居民来说可以是农村，但更广泛地说，不是城市或农村的任何地方都是关键点。它可以是海岸或高山，也可以是当我们出国时穿越的边境。公共假期是具特别意义的时刻。有时独特的时刻和独特的地点可能会相遇。

然而，当时的时间和空间是这些图形的背景。脱离背景，这些图形将失去其意义。假期和庆祝活动不是中止日常生活的休息，而是对持续背景中具特别意义的地点和时刻的寻找。

在原始的魔术思想中，图形结构紧贴世界，而不是与之分离。它是宇宙在具特殊意义的关键点上的网络化结构，生命体与环境通过它可以进行交流。但是，当我们从原始的魔术一体性转向技术和宗教时，这种网络结构才出现了位移（se déphase）：与宇宙（univers）的分离也导致了图形和背景的分离。关键点自我客体化,仅仅保留了作为中介的功能性,变得工具化(instrumentaux),具有移动性,可以在任何地方、任何时间都具备效力:作为关键点的图形脱离了背景,成为移动和抽象的技术物。同时,关键点失去了彼此之间的网络化,并失去了可以从远处作用于它们周遭事物的力量。它们只是像技术物一样根据接触,逐点、逐刻行动。关键点网络的破裂释放了背景的特征,后者又脱离了定性和具体的背景,以权力以及抽离的力量的形式笼罩整个时空。尽管关键点以具体化的工具和仪器的形式客体化,但背景的力量却要通过神人和神圣(神、英雄、牧师)的形式来主体化。

因此,魔术世界的原始网络化构成是对立的客体化和主体化的根源。在初始结构破裂时,图形与背景的分离导致了另一种分离:图形和背景与紧密相连的宇宙脱离了,并分道扬镳。图形是碎片化的,而背景的特性和力量却被普遍化了:这种分裂和普遍化是生成的方式,图形和背景都变得抽象。图形和背景特征之间的中介的相位差,反映了人与世界之间距离的出现。中介本身不是宇宙简单的结构化,而是具有一定的密度。它在技术上是客体化的,在宗教上是主体化的,第一个技术物是它的第一个客体,神性是第一个主体,而以前只有生命体和环境的统一:客体性和主体性出现在生命体与环境之间,在人与世界之间,那时世界还不完全是客体而人也不完全是主体。我们还可以注意到,客体性永远不会与世界完全共存,就像主体性不会与人完全共存一样。只有当一个人从技术角度看世界,从宗教角度看人时,我们才能说前者完全是客体,后者完全是主体。纯粹的客体性和纯粹的主体性是人与世界之间作为主要形式的中介(调解)模式。

技术和宗教是两个对称和对立的中介性组织。但它们形成了一对,因为它们自身只是原始中介的一个阶段。从这个意义上讲,它们没有明确的自主性。而且,即使就它们形成的系统来说,也不能以为它们包含了所有真实的事物,因为它们只是在人与世界之间,但并不包含人与世界的所有现实,并且无法完整被应用。因为这两个对立面之间存在的差距,科学和伦理深化了人与世界的关系。相对于科学和伦理,这两个原始中介起着规范作用:科学和伦理是在技术和宗教之间的差距所界定的区间内,遵循中间的方向(direction moyenne)而产生的。技术和宗教在时间上的先行性在科学和伦理上的作用,跟一个角的平分线上的直线起的作用一样:角的边可以用线段表示,而平分线可以无限延长。同样,从非常原始的技术和宗教之间的距离中,可以逐渐建立起非常复杂的科学和伦理学,而不受限于最初的技术和宗教条件。

正是由于真正具功能性的网络化的原始结构,我们可以将分裂的起源归因于技术思想和宗教思想。这种分裂将图形和背景分开,图形给出了技术的内容,而背景则赋予了宗教的内容。然而,在世界的魔术网络化结构中,图形和背景是相互的现实,当图形和背景彼此分离时,技术和宗教就会出现,从而变得可移动、破碎、可迁移且可以直接操纵,因为它们不再与世界拴缚在一起。技术思想仅保留结构的图式,对独特的点有效力的行动。这些独特的点脱离了它们作为图形的世界,而且也彼此分离,失去了固定的网状连接,变得支离破碎、可用、可复制且可建造。最高的地方变成了一个哨站,一个建在平原上的瞭望台或一个放置在狭道入口的塔楼。通常,最开始的技术是规划具特殊意义的地点,例如在山顶上建造塔楼,或在海角上最可见的位置放置灯塔。但技术也可以完全创造具特殊意义的点的功能。它只保留自然现实的图形力量,而不是在任何人为干预之前已确定的和已存在的背景的位置和自然位置。技术将图式变得越来越碎片化,它制造了工具或仪器,后者是与世界分离的碎片,能够在任何地方和任何条件下根据指导它的意图和人们的欲望高效运作。技术物的可用性在于摆脱世界的背景的束缚。技术是分析性的,通过接触逐步进行操作,忽略周遭的影响。在魔术中,独特的地点允许对整个领域进行操作,就好像只要与国王对话即可影响他的人民。相反,在技术中,所有现实必须通过技术物来浏览、触摸、处理,它与现实世界脱离联系,并能够在任何时间、任何地点

被使用。技术物与自然物的区别在于它不是世界的一部分。它是人与
世界之间的中介。这样，它是第一个分离之物，因为世界是一个统一
体、一个环境而不是物的组合。实际上，存在三种类型的现实：世界、主
体和客体。客体是世界和主体之间的中介，它的第一种形式是技
术物。①

三、技术思想与宗教思想的分支

技术思想源于魔术世界网络化的原始结构的分裂，并保留了可以
沉积在物体、工具或仪器中的图形元素，这种分离容许它应用在世界的
任何元素之上。但是，这种破裂也会产生缺陷：工具或仪器仅保留了图
形的特征以及一些脱离了背景的图形特征。之前图形直接地连接着背
景，因为它们来自同一最初的结构化，这一结构化在一个连续的现实中
催生了图形和背景。在魔术的宇宙中，图形是背景的图形，而背景是图
形的背景。真实(réel)、真实的一体性，既是图形又是背景。由于背景
和图形只构成存在的一体性，因此不会出现图形对背景缺乏效率或背
景对图形缺乏影响的问题。相反，在技术中，分裂之后，技术物保留的
图形特征可遭遇任何背景，有匿名的，也有外来的。技术物成为形式、
图形特征的残余的载体，它试图将这种形式应用于一个背景，后者已与
图形脱离，失去了亲密的归属关系，并能够被任何遭遇到的形式知会
(informé)，虽然往往是暴力的以及不完美的。图形和背景彼此变得陌
生而抽象。

形质论的图式不只描述生命体的发生，也许它甚至根本没有从本
质描述它。也许它也不是来自具反身性和概念化的技术经验：在对生

---

① 草稿上的差异："实际上，存在三种类型的现实：世界、人与物，物是世界与人
的中介，其第一形式是技术物。"

命体的认识以及对技术的反思之前,图形和背景之间隐含的一致性被技术打破了。如果形质论图式看起来像是从技术经验中产生的,那是因为它就像是一种规范和理想(idéal),而不是对现实的体验。技术经验通过将图形元素的痕迹和背景特征的痕迹结合,恢复了最初的直觉,后者意识到物质和形式的相互归属,以及分支之前的耦合。从这个意义上说,形质论图式是正确的,但不是古代哲学对它的逻辑使用,而是作为技术诞生之前人类对宇宙结构的直觉。这种关系不是阶级性的,物质和形式没有连续递进的抽象阶段,因为物质和形式的关系的真实模型是宇宙基于背景和图形的第一个结构化。但是,这种结构只有当它不是抽象的,在单阶段的情况下,才是真实的(vraie)。背景真的是背景,而图形也真的是图形,此同一背景不能成为较高图形的背景。亚里士多德描述形式与物质关系的方式,尤其是假设物质对形式的渴望("物质渴望形式就像女性渴望男性一样"),早已超离了原始的魔术思想,因为只有当分裂已经发生,这种渴望才能存在。然而,此存在既是物质又是形式。另外,也许不应该说只有个体才具有形式和物质。因为图形-背景结构的出现要早于一体性的分离;当一个关键点与背景有对应的相互关系,并不表示这个关键点与其他关键点的网络是隔离的,也不表示这个背景与其他背景没有连续性:宇宙是如此结构化的,它不是一堆个体的组合;在原始网络化破裂分离之后,首先出现的存在是技术客体和宗教主体,它们要么保留图形特征要么保留背景特征:因此,它们并不完全拥有形式和物质。

魔术宇宙原始结构的解体给技术和宗教带来了一系列后果,并通过它们影响了科学和伦理学的未来发展。确实,一体性属于魔术世界。技术和宗教对立的相位差不可还原地导致了技术内容的地位次于统一体,而宗教内容的地位则高于一体性。所有其他后果都源于这里。为了完全理解物的技术性的状态,必须对造成原始一体性相位差的这种生成加以把握。宗教因为保存了背景的特征(同构性、质量、系统内部相互影响的元素的不可分、跨时空的持续性、产生普遍性(ubiquité)和永恒性行动),它代表了整体功能的完成(mise en œuvre)。在宗教思想中,总能发现某一特殊的存在,某明确关注或努力的对象,它小于真正的一体性,次于整体,并被包括在其中,被空间的整体所超出,在其前后是无限的时间。物、存在、个体、主体或客体,总是低于统一体,被一个假定的整体所支配,而这个整体无限地超越了它们。这一超越源自整体的功能,而整体的功能支配着个别的存在。根据宗教目的,这个个别的存在只有通过参照它参与其中、并存在于其上的整体才能被把握,但它从未能完全表达整体。宗教普遍化了整体的功能,后者脱离(也因此释放了)它所限制的图形的依附。魔术思想中与世界相连的背景,因而受到魔术宇宙的结构的限制,在宗教思想中成为无限的背景(arrière-fond)。这种无限同时是空间以及时间的。它们保留了背景(fond)的积极的特质(力量、权力、影响力、素质),但摆脱了限制和(将它们捆绑在**此时此地**的)归属。它们成为一个绝对的背景,一个整体的背景。宇宙从已被释放的以及某程度上抽象的魔术背景中提升出来(promotion)。

宗教思想在背景和图形分离之后保留了魔术世界的另一部分:背景,及其张力、力量;但是这种背景也像技术的图形一样,变得与世界脱离了联系,从原始环境中抽象出来。同样,技术的图形从世界释放出来之后,通过客体化栖身在工具或仪器上,而技术性对图形的动员变得可能的背景特质则寄托在主体上。技术客体化导致了技术物的出现,即人与世界之间的中介者;这对应了宗教主体化。正如技术中介是通过技术物的方式来进行的,宗教中介的出现也要归功于将背景特征固定在主体上,无论后者是真实还是虚构,是神灵还是祭司。宗教主体化通常由祭司进行调解,而技术中介则由技术物进行调解。技术性保留了人与世界原始综合体的图形特征,宗教性则保留了背景特征。

技术性和宗教性不是魔术的退化形式,也不是魔术的残余。它们来自原始魔术复合体的分裂,是原始人类环境在图形和背景上的交汇。

正是通过它们的耦合，而不是独善其身，技术和宗教才称得上是魔术的
继承者。宗教并不比技术更神奇。它是分裂结果的主体周相，而技术
是同一分裂出来的客体周相。技术和宗教是同时代的，它们彼此分离，
比产生它们的魔术贫乏。

　　因此，宗教本质上具有代表整体需求的职责。当它分裂为理论模
式和实践模式时，它通过神学，根据绝对一体性，成为对真实系统性表
述的需求（exigence）；它通过道德，成为伦理上绝对的行为标准的要
求，以整体的名义证明其合理性，高于任何假设性的律令（也就是说特
殊的律令）。它给科学和伦理带来了整体的参照原理，这是对理论知识
统一和对道德律令的绝对性的追求。宗教灵感永久性地提醒着特殊事
物在无条件的整体性跟前的相对性，后者超越了任何知识和行动的主
体和客体。

　　相反，这些技术所接收的内容始终低于一体性状态，因为关键点原
始网络的破裂而产生的效率图式和结构无法应用于整体世界。从本质
上讲，技术物是多种多样且分散的。陷于这种多元性中的技术思想的
进步，只能通过技术物的增加，而不能恢复原始的统一。即使通过无限
增加技术物，也不可能达到与世界相对应的绝对一致性，因为每个物都
只能在某一时间和某一点作用在世界上。它是局部的，特殊的；只通过
添加技术物，人们无法重塑世界，也无法重新发现魔术思想所对应的那
种与世界的联系。

　　就其与特定对象或特定任务的关系而言，技术思想总是不够统一：
它可以呈现多个技术物、多种手段并选择最佳方法；但是，对于物或任
务的一体性而言，技术思想仍然始终不足。每个图式、每个对象、每个
技术操作均受制于整体；整体赋予了技术目的和方向，并为它提供一个
从未达到的一体性的原则，而技术则通过组合和增加其图式来呈现这
一原则。

　　技术思想本质上代表元素观点，它遵循元素的功能。技术性通过

将自身引入一个领域,逐渐将该领域分割,并产生出一系列受支配以及从属于领域的一体性的连续和元素性的中介。技术思想将整体功能看作一系列元素性的过程,逐步、逐阶段地起作用;它找到并增加了中介的图式,但始终无法达到一体性。从技术的角度来看,元素比整个组合更稳定,更为人了解,并且在某种程度上更完美。元素名副其实是一个**物**,而组合在某种程度上是内在于世界的。宗教思想找到了相反的平衡:对宗教来说,整体比元素更稳定、更强大、更有价值。

技术在理论上和伦理学领域都带来了对元素的关注。对科学而言,技术的贡献在于允许以与技术物的操作相当的简单元素性过程来逐一分解及再现现象。这就是机械论假说的作用,它容许笛卡尔将彩虹表示为云中每个水滴中的发光小球逐点综合的结果。笛卡尔也根据相同的方法解释了心脏的功能,将完整的周期分解为简单的连续操作,并表明整体的功能是每个元素的个别作用而产生的必然结果(例如,每种瓣膜的作用)。笛卡尔并不质疑为什么心脏是这样的,为什么它有瓣膜和腔,而只是考虑到它是如何操作的。从技术得出来的图式的应用并不能说明整体性(一体性)的存在,而只是该整体逐点逐刻的功能。

在伦理学领域,技术思想不仅带来行动的手段(这些手段是部分的,并依附在每个成为工具的技术物的功能里),而且通过技术还带来了某种程度上的行动的复制。一个明确的人类行为,如果以结果来衡量,可以由确定的技术操作逐步来完成。行动的要素和时刻有相应的技术类比。注意力和记忆力可以由技术操作来代替。技术性提供了行动结果的部分对等性(équivalence);它以结果的形式来强调行动者的行为意识;它通过与技术功能相比较来调解和确定行为的结果,将行为分解为局部的结果以及基本的执行。就像在科学中一样,技术性引进了这种将整个现象分解为一系列基本功能的研究,同样在伦理学中,技术性引进了将整体行为分解为行动要素的研究。如果将总体行为视为导因,那么由技术引发的行为分解则将行动要素视为获得部分结果的姿势。技术性假设行动只限于结果;如果行动的整体是基于主体的一体性,那么技术性并不将行动的主体作为真实的整体看待,甚至也不将行动视为整体。而伦理学中对结果的重视也类似于科学对**如何**的研究。结果和过程仍然低于行动的一体性或真实的整体性。

宗教对伦理的绝对和无条件的合理化(justification)的假设导致了对意向(intention)的研究。意向与结果对立,后者是受技术启发的。在科学中,宗教思想引进了对绝对理论统一的征服,因此有必要寻找给定现象的生成和存在的意义(因此回答了**为什么**的问题),而技术思想则解释了每个现象**如何**的问题。

技术思想的内容次于一体性,无论是在理论上还是在实践上,它属于归纳思想的范式。在理论模式和实践模式的任何分离之前,它便是这个归纳过程。实际上,从严格意义上讲,归纳法不仅仅是一个逻辑过程。我们可以考虑将内容低于一体性但力求达到一体性或从多个元素(每个均低于一体性)趋向一体性的任何方法视为归纳。归纳法所掌握的,从中得到的,是一个本身并不充分和完整的元素,它并不构成一体性;然后,它超出了每个特定的元素,将其与其他特殊的元素结合起来,以试图找到一个一体性的类比:在归纳中,人们从已是碎片化的图形元素中寻找现实的背景,企图在现象的基础上找到规律[例如在培根和斯图尔特·米尔(Stuart Mill)的归纳法中],或者寻找在同一物种的所有个体中的共同之处(例如在亚里士多德的归纳法中)。它假定了在多种现象和个体之外,还存在着稳定的、共同的现实背景,即真实的一体性。

伦理学没有什么不同,因为它直接来自技术。想要通过一系列的瞬间来构成整个生命的绵延,而这一系列的瞬间是从每种情况中提取出来令人愉悦的东西,就好像古代的幸福论(Eudémonisme)或功利主义所提倡的那样,是以归纳法来尝试将生命绵延的整体性以及人类欲望的整体性换成瞬间的多元性以及所有相继的欲望的单元性。伊壁鸠鲁主义对欲望的纵容只是为了将它们以累积的方式融入存在的连续性中:为此,每个欲望都低于一体性,必须由主体支配和容纳,以便能够像真正的元素一样被对待和控制(manipulé)。这就是激情被消除的原因,因为它们反抗被当成元素处理。它们大于主体的一体性;它们统治主体,来得比他远的也伸得比他远,并迫使他超越了自己的极限。卢克莱修(Lucrèce)试图通过证明激情是基于错误来消灭它。实际上,他没有考虑到激情的倾向,也就是说,被置入主体中的这种力量,它比主体更大,并且相对于激情,主体显得非常有限。我们不能将倾向视为被包含在主体(作为一体性)中的内容。智慧将行动源头的力量降到比道德主体的一体性低的位置,因此可以将它们当成元素来组织,并在自然主体内部重构道德主体。但是,这个道德主体从不会完全达到一体性的水平。在重建的道德主体与自然主体之间仍然存在着无法填补的空白。归纳法仍然是多元形式,它将多种元素集合在一起,但是这一集合不等同于真正的一体性。所有的伦理技术都不能满足道德主体,因为它们忽略了道德主体的一体性。主体并不能满足于幸福只是一系列的持续的幸福的时刻;按逐一元素完成的成功生活还不是道德生活;它缺乏那种使它成为主体生命的东西,即一体性。

但是相反,作为义务基础的宗教思想在伦理思想中创造出了对无条件合理化的追求,这使得所有行为和任何主体看起来都低于真正的一体性。相比于一个可以扩展到无限的整体,行为和道德主体只能从它们与该整体的关系中获得意义。整体与主体之间的交流是不稳定的,因为主体不断地被带到自身统一(unité)的维度,但后者并不是整体(totalité)。伦理主体因宗教要求而偏离中心。

第六章 技术思想与其他思想之间的关系

一、技术思想和审美思想

　　根据这样的发生论假设,不应将不同的思想方式视为平行的。宗教思想和魔术思想不在同一个平面上,因此无法进行比较。但是反过来说,因为技术思想和宗教思想是同时代的,所以可以比较。要比较它们,仅仅当它们是同一属的不同种类去确定它们的特定特征是不够的。所以我们有必要掌握它们的发生学的过程,由于原始完整思想(魔术思想)的二分,它们成对存在。至于审美思想,它绝不是有限的领域或特定的物种,而只是一种倾向。它是维持整体功能的要素。从这个意义上讲,它可以与魔术思想相提并论,但必须明确指出,它不具有魔术思想那样分裂成技术和宗教的可能性。审美思想远没有朝着分裂的方向发展,而是保持着隐含的一体性记忆。一个分裂出来的周相呼唤着另一个互补的周相;它寻求思想的整体,旨在通过类比关系重组统一体,特别是周相的出现可以使思想与自身相互隔离。

　　毫无疑问,如果我们想用这种方式来描述存在于某文明中制度化的艺术品,或者更甚,如果我们想定义审美的本质,那么这种看待审美的方法将是错误的。但是,要使艺术作品成为可能,就必须通过人类的基本倾向以及在某些真实和有生命力的环境中体验审美印象的能力。构成文明一部分的艺术品利用审美印象，有时甚至人工地以及虚构地满足了人们（在进行某种思想时）寻求补充（相对于整体）的倾向。仅仅说艺术品表现出了对魔术思想的怀旧是不够的。实际上，艺术作品具有魔术般的思想，因为它在一个既定的情境中，根据结构和质性的模拟关系，找到了相对于其他情境与可能现实的普遍化连续性。艺术作品至少在感知方面重塑了网络化的宇宙。但是艺术品并不能真正地重构原始的魔术宇宙：这种审美宇宙是局部的，被置入并包含在源于分裂产生的真实（réel）和现实（actuel）的宇宙中。实际上，就像语言虽然保持了思考的能力，但它自身并非思考一样，艺术作品同样首先要维持并保留体验审美印象的能力。

　　审美印象与人造作品无关；在分裂之后的思考模式中，它标志着成果的完美化，这使得该思想行为的组合能够超越其领域的界限，来响应其他领域的思想的成果。相当于宗教行为的技术作品、可以媲美技术活动的组织和运作力的宗教作品，都予人以完美的感觉。不完美的思想仍然存在。思想的完美化容许了一种过度（μετάβασις εἰς ἄλλο），它使一个特定的行动具有普遍性，而通过后者，人类努力的成果可相比于起源时所放弃的魔术性整体；世界本身必须呈现（présent），并曲折地授权这种完成。审美印象意味着一种行为完成的完美性，这种完美性客观地赋予光芒以及权威，通过后者，它成为生活现实的显著点、经验现实（réalité éprouvée）的纽带。这一行为成为插入世界的人类生活网络中的一个显著点。从这一点到其他的点之间，创造了一种优越的关系，重新构成了类比于宇宙魔术网络的存在。

　　行为或事物的审美特征是其整体功能，其存在性（同时是主观以及客观的），就好像显著点一样。任何行为、任何事物、任何时刻，都有能力成为新的宇宙网络化结构的显著点。每种文化都会选择较易成为显著点的行为和情境，但是，文化并没有能力创造一个可成为显著点的情境。它只能阻碍某些类型的情境出现，使审美表达相对于审美印象的自发性而言变得狭窄。文化的介入是限制更甚于创造。

审美思想的命运，或更确切地说是所有倾向于成果的思想的美学灵感的命运，是在每种思想模式内重构一种与其他思想模式相吻合的网络化结构：审美是思想的普世主义（œcuménisme）。从这个意义上说，甚至超出了每种思想类型的成熟度，最终的网络化也将原始魔术所分裂开来的思想聚合在一起。每个思想发展的第一步都是隔离，与世界脱离，抽象化。然后，在自我发展的过程中，每种思想在最初时拒绝了他者以及独自发展，根据无条件的一元论的自我肯定之后，它再根据多元论的原则使自己多元化以及自我扩展。我们可以说，每种思想在与世界分离后都趋向于相互联系并重新融入世界。技术在动员了魔术世界的图式性图形（figures schématiques）并将其与世界分离之后，通过水泥与岩石、电缆和山谷、标塔及山丘的耦合，回到了世界并加入其中。通过赋予世界某些地点以特殊的意义，以及技术方案和自然力量的相互协同，由技术所选择的新的网络化也因此建立了。在技术的协议以及超越中，技术重新成为具体的，并通过最显著的关键点与世界联系在一起，审美印象也就出现了。人与世界之间的中介自身成为一个世界、世界的结构。同样，在教条主义脱离了宇宙的具体性并动员了每条教条以征服人类的所有代表之后，宗教中介接受了自我具体化，也就是说，根据相对多元的模式和文化与人类群体重新连接。一体性成为网络的一体性，而不是单一原则和单一信仰的一元性。技术和宗教的成熟趋向于重新融入世界，地理相对于技术，而人类相对于宗教。

到目前为止，地理世界中的技术网络和人类世界中的宗教网络都似乎无法类比地以真正象征的关系相遇。然而，只有这样，审美印象才能指明魔术力量的相互发现，从而宣布魔术整体的重新发现。宗教思想和技术思想共有的审美印象是唯一的桥梁，以使因为抛弃了魔术思想而产生的这两种思想联系起来。

因此，哲学思想为了理解技术和宗教在理论和实践的不同模式上的贡献，它可以质问审美活动在这些模式区分之前如何处理。从魔术到技术和宗教之间破裂的是宇宙的第一个结构,即关键点的网络化,人与世界之间的直接中介。然而,审美活动精确地保留了该网络化结构。虽然审美不能真正地将这结构保存在世界上,因为它不能替代技术和宗教,这将是重现魔术;但是它通过建立一个世界来保存这个网络结构,并让它继续存在,而这个世界既是技术性的又是宗教性的。它之所以是技术性的,是因为它不是自然而成,而是将技术物应用到自然世界的力量来创造的艺术世界。从这个意义上来说它是宗教性的,因为这个世界融合了技术所遗留的力量、特质和背景特征。不像宗教思想一样通过普遍化技术物来使它们主体化,也不像技术思想那样以分离的图形结构进行操作,将它们包含在工具或仪器中来使它们客体化,审美思想处于宗教主体化和技术客体化之间,仅限于通过技术结构来将背景的特征具体化:因此,它使审美现实成为人与世界之间的新中介,人与世界之间的中间世界。

实际上,既不能说审美现实是客体,也不能说它是主体。当然,这种现实的要素具有相对的客观性;但是审美现实并不像技术物一样脱离人类和世界。它既不是工具也不是仪器;它可以保持对世界的依附,例如,作为自然现实的有意向性的组织;它也可以保持对人的依附,例如,作为声音的调控、言语的交流、打扮的方式。它没有像仪器般必须具有分离的特征;它可以保持置入,甚至可以不带异样地置入人类现实或世界中。我们不会在随便哪个地方放置雕像或植树。审美活动最初感受事物和存在的美、存在方式的美,并尊重其为自然产生来组织它。相反,技术活动是逐部分构成的,与它的对象分离,并以抽象、暴力的方式将后者应用于世界。虽然像雕塑或竖琴等审美物也是以抽离的方式生产,它仍然是世界和人类现实部分的关键点。放置在庙宇前面的雕像对某特定社会群体具有意义,雕像的摆放是要占据关键点,它利用和强化关键点,但不能创造关键点。这表明雕像并不是抽离的。我们可以说,竖琴作为声音的产生者是一个审美物,但是琴弦的声音只有在它们具体化了某种已经存在于人类的表达和交流方式的情况下才是审美对象。竖琴可以作为工具携带，但是它产生的声音构成了真实的审美现实，被置入人类和世界的现实中。只有在沉默或有特定的声音背景（如风声或海浪声）的情况下（而非人声或人群的吵闹），才能欣赏竖琴。好像雕像一样，竖琴的声音必须融入世界。相反，作为工具的技术物不能这样被加插进来，因为它可以在任何地方被使用。

是置入（insertion），而非模仿，定义了审美物：模仿噪音的音乐无法融入世界，因为它取代了宇宙的某些元素（如大海的声音）而不是补充它们。从某种意义上说，雕像模仿了人并取代了他，但这不是它之所以是审美作品的原因。它之所以是美的，是因为它置入了城市建筑，标志着海角的最高点，作为城墙的终点，或者超越了高塔。对世界的审美感知有许多要求：有空隙必须填补，有岩石必须搭成高塔。世界上有许多显著的地点，吸引和激发审美创造的非凡的地方，如同在人类生活中，有许多与众不同的、光芒闪耀的时刻，它们呼唤着作品。作品是创造的必要结果，它来自对特殊的地点和时刻的敏感性。它并不复制世界或人类，而是延伸并置入其中。即使审美作品是抽离的，它并不是来自宇宙的破裂或人类生命时间的破裂。它是来自已经存在的现实，并为它提供了已构建的结构，而这些结构是建立在作为构成真实的基础上并且被置入世界中。因此，审美作品使宇宙开花，延伸它，构成了一个作品的网络，也就是说，与众不同的、耀眼的、同时是人与自然宇宙的关键点的现实。相比于魔术宇宙的关键点的古老网络，它更脱离于人与世界。艺术作品的时空网络是世界和人类之间的中介，它保存了魔术世界的结构。

毫无疑问，我们可以肯定从技术物到审美物之间有一个连续的过渡，因为有些技术物具有审美价值，而且可以称之为美：审美物可以是未置入宇宙、和技术物一样脱离的，同样技术物也可以被视为审美物。

实际上，除非我们刻意寻求一种直接响应审美关注的展示方式，技术物本身并不是直接美观的。在这种情况下，技术物和审美物之间存在着真实距离。就好像实际上有两个对象一样，审美物包含及掩盖了技术物。这就是当我们看到一座水塔时,它建在一个古老的废墟附近,被城垛所掩盖,并染上了与古旧的石头相同的颜色:技术物被隐藏在这座带欺骗性的塔中,包含了混凝土、缸、泵和管道等:骗局很荒谬,乍一看就感觉到了。技术物在审美习惯下仍保持其技术性,这种纠纷产生了一种怪诞的印象。通常,任何将技术物乔装成审美物的行为都会予人以伪造品的厌恶的印象,像是一种物质化的谎言。

但是在某些情况下,技术物具有特定的美感。当将这些物体置入地理或人类世界时,就会出现这种美感。因此,审美印象与置入有关,这就像一个姿势一样。船帆下垂时并不美,但当风将其吹得膨胀并使整个桅杆倾斜,船驶向大海时便不同了。美的是在风中和大海中的船帆,就像海角上的雕像一样。位于礁石边缘俯瞰大海的灯塔之所以美丽,是因为它置入了地理和人类世界的关键点。一系列横跨山谷的高压线铁塔很漂亮,而对于运载铁塔的卡车,或用于运输电缆的大滚筒来说,铁塔和电缆都是中性的。车库里的拖拉机只是一个技术物,当它在耕作时,在犁沟中倾斜将泥土倾泻在大地上时,可以感觉到它是美丽的。任何技术物,无论是移动的还是固定的,只要它延展了世界又被置入其中,都可以有审美灵光(épiphanie)。但是,美的不仅是技术物,而且是技术物具体化的世界的独特点。美的不仅是整列的塔架,还有线、岩石和山谷之间的耦合,那是电缆的张力和屈曲:那里存在着无声、沉默的操作,并在作用于世界的技术性中延续。

技术物并不是在任何情况和任何地方都是美的。当它与世界上一个独特的、显著的地点相遇时,它是美的。高压线跨越山谷、汽车拐弯、火车开离隧道时,都是美的。当技术物遇到适合它的背景时,它是美的,因为它可作为合适的图形,也就是说它完整并表达了世界。当有一个更大的物体作为背景、作为宇宙时,技术物也可以是美的。从船甲板上看时,雷达天线高高在上,超过了上层建筑,它显得美。当它放在地面上时,只不过是安装在枢轴上的相当粗糙的圆锥体。当它完整化了这艘船的结构和功能时,它是美的;但它自身,如果没有宇宙背景的话,并不是美的。

　　这就是为什么对技术物之美的发现不能只交给感知的原因：必须理解和思考技术物的功能；换句话说，必须发展技术教育，以便技术物的美感可以显现，好像将技术图式置入宇宙，置入宇宙的关键点。例如，一个无线电中继站矗立在山上，它遥望另一个中继站所在的山峰，而这种美对于那些只会看到中等高度的铁塔、带着抛物线网格、焦点是放了极小的偶极天线的人来说，是如何呈现的呢？所有这些图形结构必须理解为发射和接收通过云层和雾气从一个塔传播到另一个塔的定向波束。相对于这种无形的、无法感知的和真实的、实在的传递，山峰和相视的铁塔形成的整体是美的，因为架起无线电缆的铁塔正位于这两座山峰的关键点。这种美与几何结构一样抽象，我们必须理解物的功能，以便物的结构以及该结构与世界的关系能被正确地想象和审美地感受到。

　　通过将技术物整合到它所延伸的人类世界中，技术物有不同方式呈现它的美。因此，当工具很好地适应身体，以至于看起来自然地扩展了身体并以某种方式放大了其结构特征时，它就是美的。一把匕首只有被握在手中才真正是美的。同样，当工具、机器或技术组合融入人类世界并作为后者的表达时，它们就是美的。如果说电话交换机总机的排列是美的，这美不是来自它本身或它与地理世界的关系，因为它可以在任何地方；这是因为这些每一瞬间都在进行追踪的彩色和流动的发光讯号，代表了大量人类的真实姿势，它们经过电路交叉点相互连接。电话交换机运作时是美的，因为它始终是城市和地区生活的一种表达和实现。一个闪灯讯号是等待，是意图，是欲望，是一个迫在眉睫的讯息，一个听不到但在另一所房子会有回响的铃声。这种美是在操作过程中的，它不仅是瞬间的，而且还决定了黎明和夜间的节奏。电话交换机之所以美，并不是因为其物的特性，而是因为它是集体生活和个人生活的关键点。同样，码头上的信号灯本身并不美，但作为信号灯它是美的，也就是说，当它指示、显示停止或通行的信号时。同样，作为一种技术现实,从另一个大陆抵达我们,几乎听不到的,在干扰和失真下有时难以理解的赫兹调控在技术上是美的,因为它越过障碍物和距离,为我们带来了远方的人类在场的见证,这是独特的显灵。近距离而猛力的发射器的声音在技术上并不优美,因为这种揭示人、表明其存在的能力并没有为它增值。不只是因为克服了洲际之间传输的困难让信号变得美,而是它为我们带来一种人类现实的力量,它让我们感受到它,延展并表现在真实的存在中,否则就算它与我们同时代,仍然会被忽略。当"白噪声"见证了人类进行交流的意图时,它所具有的技术美感并不比有意义的调控效果逊色。背景噪声或简单的连续正弦调控的接收,当它置入人类世界时,在技术上可以很美。

因此,我们可以说,审美物并不是严格意义上的客体,而是自然世界或人类世界的延伸,它仍然保留在承载它的现实中。它是宇宙的一个显著点。这一点是设计的结果,得益于技术性。但是它不是被任意放置在世界上的;它代表世界,像宗教中介一样,聚集自己的力量和背景的特质。它保持处于纯粹客体性和纯粹主体性之间的中间状态。技术物之美是因为它可以像审美现实一样置入自然或人类世界。

审美现实与宗教现实的区别在于,它不允许自身被普遍化或主体化。艺术家不会与作品混淆,如果出现偶像崇拜,也会被认出来。艺术品的技术性防止了审美现实与普遍整体功能的混淆。艺术品在某时刻被制造出来,仍然是人造和局限的。它不是先于或者优于世界和人类。所有艺术品都延续了魔术宇宙,维持其结构:它标志着技术与宗教之间的中性点。

然而,审美宇宙远非余渣,或是远古时代的残留物。它代表了一种生成,在其中魔术分裂为技术和宗教,但是有一天分裂必须重新趋向于统一。在技术以及宗教内部,审美关注的内在性(immanence)标志着技术思想和宗教思想仅代表完整思想的一个周相。技术和宗教不能直接沟通,但可以通过审美活动进行交流。当技术物置入世界中一个显著的地点或者时刻时,它可以像宗教姿势一样美。美的规范(norme)

存在于这两种对立的思想模式中。这种规范使它们通过在同一宇宙的应用而彼此相向。宗教活动通过审美作品置入世界，因为宗教活动本身成为作品。一首歌、一首赞美诗、一个庆典在**此时此地**置入。宗教姿势在延伸自然世界和人类世界时是美的。因此，圣礼是一种宗教姿势，当它在特定地方和时间置入世界时，它是美的，因为它找到信徒：背景的特质再次和结构遭遇；宗教思想通过庆典的审美找到了具有宗教价值的时刻和地点的网络。宗教姿势的美与特定的地方和时代相关，但跟与世界没有连接的外部装饰无关。这些没有时间性，也没有地方性的装饰品将宗教思想孤立为徒劳的仪式。它们就像穿着外衣的技术物一样怪诞。当宗教思想将整体的功能置入时空网络中，在特定的地方和时刻使整个宇宙的背景力量和特质发挥作用时，它才是美的。此外，好像技术思想一样，只有在遇到自然或人类世界的关键点时，这种审美的置入才有效。寺庙和神庙的建造并不是随机、抽象、与世界抽离的。自然世界中有些地方呼唤着神庙，因为人类生活中的某些时刻需要圣礼庆祝。为了使审美印象能够出现在宗教思想中，宗教必须被构成一个独立的实体，它应包含宇宙的背景力量和特质。但是自然世界和人类世界也有必要按照一种深刻的审美规范等待被扩展和具体化为宗教地点和时刻。

审美现实因此被添加到既定的现实中，但是仍沿着先前的路线；审美现实在既定的现实中重新引进了图形功能和背景功能，它们在魔术宇宙解体时演变成技术和宗教。如果没有审美活动，在技术和宗教之间就只会出现一个中性的现实领域，它没有结构，也没有特质。由于审美活动，这个中立的区域在保持中心和平衡的同时又找到了密度和意义；它通过审美作品重新找到了网络化结构，后者在魔术思想解体之前已经扩展到整个宇宙。

技术思想是由图式、由没有背景现实的图形元素构成的；宗教思想没有图形结构，但拥有背景力量和特质；美学思想则结合了图形结构和背景特质。它不像技术思想那样代表元素功能，也不像宗教思想那代表整体功能,而是将元素和整体、图形和背景以模拟关系保持在一起。世界的审美网络化是一个模拟的网络。

的确,作为唯一的中介现实,审美作品不仅与世界和人类息息相关,它也与其他作品相联系,而不与它们混淆,不与它们保持物质上的连续性,以保持自身的特性。审美宇宙的特征是根据一种基本的模拟关系,从一件作品转移到另一件作品的能力。模拟是从一个术语转移到另一个术语而又不否定前一术语的基本原理。德·索拉奇斯神父(译按:Bruno de Solages)将其定义为关系的同一性(identité de rapports),以将其与相似性(ressemblance)区别开来,后者仅是通常是部分的同一性的关系(rapport d'identité)。实际上,完整的类比并不只是描述两个现实的内部关系的同一性。它既是图形结构的同一性,也是两个现实背景的同一性。更深刻地,它是模式的同一性。根据这些模式,图形的结构和现实的背景在两个存在物内部互相交流和沟通。它是两个现实中图形和背景耦合的同一性。同样,在纯粹的技术思想领域,以及纯粹的宗教思想领域,都没有真实而完整的类比。类比是基于两个事物的存在的基本操作,基于促使它们生成的东西,后者通过图形和背景的出现而促进它们发展。审美捕捉了存在物出现以及表现的方式,也就是作为图形和背景分裂的生成。技术思想只抓住了存在物的图形结构,并将其转化为图式。宗教思想只抓住了存在的现实背景,后者决定什么是纯净的或不纯净的,神圣的或被亵渎的,圣洁的或被玷污的。这就是为什么宗教思想创造了单一的范畴和等级,例如纯净和不纯净,它认知的模式是包含或者排他的。技术思想拆开并重构了存在物的功能,阐明了它们的图形结构。技术思想运作,宗教思想判断,审美思想同时运作和判断。审美思想以相互关联和互补的方式,在每个存在的一体性中建立结构并掌握现实背景的特质:它在具体的存在物,认知的对象,以及操作的对象的水平来认识一体性,而不是像技术思想那样始终保持在一体性的水平之下,或者像宗教思想一样,总是高于这个水平。

正是因为尊重存在物的统一性,审美思想才将类比作为其基本结构。技术思想使存在物变得分散和多样化,因为它赋予了图形以特权。宗教思想则将它们整合为一个整体,在那里它们质量和动态上被吸收,变得低于一体性。为了在存在物的一体性层面上把握存在物,而不是通过分割或合并等破坏它们的一体性的方法,我们必须将每个存在物当作一个完整的宇宙来操作和判断,同时不排除其他宇宙:存在物生成的构成关系,也就是区分和统一图形和背景的关系,必须能够从一个存在的一体性转换(se transposer)为另一个存在的一体性。审美思想以类比的形式将存在物视为个体,将世界视为存在的网络来把握。

因此,审美思想不仅仅是对魔术思想的记忆;魔术思想分裂为技术和宗教思想,而审美思想则保持了魔术思想生成的一体性,因为它继续把握存在的一体性,而技术思想和宗教思想则分别在一体性下方和上方理解存在。

审美作品不是完整和绝对的作品。它启发如何走向完整的作品,后者必须存在于世界中,投入世界,并且真正属于世界,成为世界的一部分,而不是像花园里的雕像那样;美的是花园和房子,而不是每个单独的雕像。多亏了花园,雕像才能显得美,而不是相反。物之所以是美的,是因为它跟某个人的生命有关。而且严格来说,物从不是美的:美的是通过物世界真实面相与人类姿势的相遇。因此,真正的审美物可能不存在,但这并不意味着要排除审美印象。审美物实际上是一个混合的物:它需要人的姿势,而且为了满足以及对应于这个姿势,它还包含了一个作为姿势支撑的现实元素,它被前者使用也在前者中完成。如果审美物只是它们之间客观互补的关系,那就什么都不是。如果线条只是纯粹的关系,那它们不可能和谐。抽离了数目和量度的客观性并不构成美。完美的圆圈并不因为它是圆圈而称得上是美。但是,某些曲线也可以很美,就算我们很难找到它们的数学公式。一幅线雕作品以非常精确的比例表现了寺庙,但给人以无聊和僵硬的印象。虽然寺庙本身因时光的流逝而倒塌了一半,但是比起学究式的修复弄出来的无可挑剔的模型,它更美。审美物并不是严格意义上的客体。它也部分地是某些吸引力的特征的保存者,这些特征有主观现实、姿势,等待着可以符合和完成该姿势的客观现实。审美物既是客体又是主体:它等待主体并让它动起来,一方面引起主体的感知,另一方面引起它的参与。参与由姿势构成,感知赋予这些姿势客观现实的支持。具有精确线条的模型有所有客观的图形化元素,但它不再有这种吸引人的特征,去赋予物以产生有生命力的姿态的能力。实际上,不是寺庙的几何形状赋予了它吸引人的特征,而是它作为石头存在于世界的事实,它的凉快、黑暗、稳定,首先和预先地影响了我们的努力或欲望,恐惧或冲动。作为整合到世界中的质量载体,这些石头成为我们倾向的推动者(moteur de nos tendances)。这先于任何使我们感兴趣的几何元素。在绘制复修结构的纸上,只有几何特征:它们是冷酷的,毫无意义的,因为倾向的觉醒的引发是先于感知的。艺术作品之所以美,是因为这些几何特征,这些限制接收并固定了某种质量流动(flot qualitatif)。用魔术来定义这种质量存在(existence qualitative)是没有用的:它既是生物的又是魔术的,它在我们感知之前已触动我们的向性(tropismes),以及我们在世界上的原始存在的冲动(élan),它尚不掌握对象,而只是向高、向低、向暗、向明的方向和路径。从这个意义上讲,如果因为引发倾向,就称之为审美物是不正确的;客体之所以是客体是相对于感知,因为它在**此时此地**被把握。但是在感知之前,它并不能被认为是客体。审美现实是前客体的(préobjective),这个前客体对应于当我们说世界先于所有客体。审美物之所以被称为物,是因为发生过程(genèse)赋予其稳定性以及将其割离。在此发生之前有着一个现实,但它还不是客体的,也不是主体的,而是世界上某种存在的方式,包括吸引力、方向和向性等特征。

真实的审美印象不能屈服于客体。审美物的制造只是寻找被遗忘的魔术的必然徒劳的努力。真正的审美功能不可能是魔术的:它只能是在功能上对魔术的记忆和重新实现（réaccomplissement）。它是逆向魔术，魔术的反转；最初的魔术是宇宙在独特的地点和独特的时刻所形成的网络化结构，而艺术是在科学、道德、神秘主义、仪式等之后出现的新的网络化结构。因此，通过这种新的网络化，产生了一个真实的宇宙，在该宇宙中，技术和宗教所经历的内部分离得以完成；同时，通过魔术的这两种表达，实现了宇宙的结构化。艺术重建了宇宙，或更确切地说，重建了一个宇宙，而魔术从宇宙出发，建立了一种结构，该结构将宇宙分化并划分为充满意义和力量的场域。艺术以人类的努力为出发点，并重建了一体性。因此，艺术是魔术的对立面，但它只能在两次连续的分离之后才能完成。

艺术有两种形式：神圣的艺术和世俗的艺术。在神秘态度和仪式态度之间，艺术可以作为调解者介入；这种艺术就像牧师的活动，但它并不是牧师。它找到了在分裂中消失的中介要素，并代替宗教产生了神秘的态度和仪式的态度。神圣的艺术既是姿势又是现实，是客体又是主体，因为艺术既是审美态度又是作品。作品只能在玩耍（jouée）时存在；它来自灵感。艺术是由艺术活动和客体化的、被实现的作品所构成；从这个意义上说，之所以有中介是因为有庆祝活动。

同样地，世俗艺术在理论知识和道德要求之间安置艺术劳动的成果；如果人们希望使用折中派的修辞，那么可以说美就在真与善之间。审美物就像是客观结构与主观世界之间的中介工具。它是知识和意志之间的中介。审美物集中并表达了知识和意志的某些方面。审美表达和创造既是知识又是行动。审美行为就像知识，它的完成在自身。但是审美知识是神秘的：它隐藏了行动的力量；审美物是知识与行动之间的中介操作的结果。

然而，如果审美印象不存在，那么审美物就不存在了。它只是准备、发展、维持自然审美的东西，标志着世界上的多个元素与主体的各种姿势之间真正的相遇。每个审美物要么是神圣的要么是亵渎的，而审美印象既是神圣的又是亵渎的：它假设人的中介与物的中介同时存在。在审美印象中，人是命运之祭司，而物是命运之物。命运与意志重叠。

这就解释了一个事实，即艺术作品会激发倾向以及呈现感知质量，后者是倾向的路标。这也解释了它既定的结构，该结构使艺术品具有物的特质：艺术品同时需要实践和理论上的判断。

但是，审美判断并不一定是对于艺术品所下的判断。艺术品利用了先前自然存在的自发的审美判断。此外，艺术品具有一定的时限，审美判断并不是当作品一完成就下的。判断有一定的发展过程，一开始偏于理论性和伦理性，但随着作品的完成，它变得越来越纯粹审美。古代的悲剧提供了作品展开过程中这种模态（modalité）的演变的例子：只有结果才对应于真正的审美判断，在此之前的时间主要包含了实践和理论判断。对于主要是空间性的作品（如绘画或雕塑）的审美思考，在第一个观看时刻，在审美印象的纯粹融合和发现之前，理论和实践判断之间存在一定的区别。甚至可以说，如果没有基本的技术判断的稳固性，艺术品总会给人一种理论判断和实践判断之间脱节的体验：艺术品是被制成之物。

审美判断通常是技术判断和纯粹审美判断的混合体。当然，在对艺术品的感知过程中，可能会有一些纯粹的审美判断。但是我们可以认为，如果没有艺术品来保持理解的统一性（作为一种已完成的现实以及拥有一种真正的本原的一体性），那么审美判断将趋向于分解为理论判断和实践判断。由于审美理解中存在着技术判断，审美判断在艺术中比在生活中更容易出现。在生活中，审美判断是极为罕见的，因为它需要一种相遇，而这相遇需要等待和世界的两极化，以及当世界偶然的不定时的发生（déterminations occasionnelles）和此一普遍化及具体化的期待重叠。

真正的审美印象将神圣艺术和世俗艺术的印象融合在一起，不仅涉及审美物（例如世俗艺术）或者神圣艺术的人类姿势，而且同时涉及两者：人类是在具有审美价值的物的世界中的庆祝着。古代的悲剧既神圣又世俗。就给人以悲剧的印象而言，它是最接近现实生活的东西，也就是说，它把握了人类作为中介者的角色。每个人的姿势都有一定的神圣审美价值，它介入生命的整体和世界之间，并使之参与。命运是通过具有非凡价值的姿势网络实现的生命发展与世界现实的重叠。每个中介的姿势都是审美的，甚至可能根本是在艺术品之外的。同时是神圣和世俗的完整的审美姿态在艺术品中几乎找不到，因为艺术品要么是神圣的要么是世俗的。完整的审美印象与命运印象是分不开的。它没有像神圣一般对真实的明确领域有限制；而从世俗方面来说，它也没有像世俗一样有人为客体化的扭曲。

神圣与世俗在现实生活和审美印象中相遇。神圣和世俗的艺术只是对完整而真实的审美印象的补充；这种印象并非来自神圣或世俗的艺术品，甚至并不需要印象出现时艺术品就已经存在。浪漫主义者并没有要求有人造艺术品陪伴，但他们发现了生活中真正的审美印象，并没有借助明确的艺术品。然而，浪漫主义只是悲剧思想的一个方面，它将艺术与生活联系在一起，因此，它融合了神圣与世俗。艺术流派的混合是浪漫主义的直接结果。但是真正的浪漫审美印象不是在艺术品中，而是在生活态度中。相反，在古典艺术中，没有神圣艺术与世俗艺术的结合：艺术形式彼此分离，真正的审美印象在于艺术品。

体制化的艺术（art institué）可以在彼此足够接近的思想之间作为连接；但是它不能完全调和宗教思想和技术思想。体制化艺术生产了艺术品，但只是迈向审美存在的开始。就主体而言，在审美存在中这种相遇可以发生，那是真正成就的标志。真实的审美印象是来自作为现实体验的现实领域。体制化的艺术、人造艺术，仍然只是发现真正的审美印象的准备和语言。真正的审美印象与魔术思想一样真实而深刻。它来自不同特殊方式之间的真实相遇，在自身重构了魔术的一体性，恢复了分离之后的一体性。因此，审美模态（modalité）是分离和独立发展之后所有模态的交汇处：在功能上，因为它统一的力量，与原始魔术思想最相近。但是，审美印象只能在功能上等同于魔术，它表达了思想模态的多元秩序之间的真实相遇,而不是人为的结果。制度化的艺术只有在维持思想不同的模态秩序统一时才具有真正的意义和功能。如果制度化艺术成为唯美主义,也就是说,如果它赋予并取代了必须被体验的真正和最终的满足,那么它就变成了阻止真正的审美印象出现的屏障。

从这个意义上我们可以说,从魔术思想到审美思想之间存在一条连续的线索,因为在思想的每个模态秩序中都存在着其他秩序的基础,它是破碎的原始一体性的象征性翻译。因此,技术中存在其对立面,即宗教思想,使该技术具有某种完美性,即技术美。宗教思想中存在着将其中介性质扩展到技术领域的愿望,而宗教思想在捍卫其规范以防范技术思想渗透的同时,也倾向于某种技术性、某种规律性将其审美化(esthétisent)的形式,就好像技术美将技术性审美化一样;在宗教思想中,存在着一种宗教美,它代表着对破碎的魔术统一体的补充力量的寻求,正如在技术思想中有一种对美的追求,通过这种美,技术物成为可贵之物;祭司往往是艺术家,就好像技术物本想成为艺术物:两种中介者审美化了自己以找到它们符合魔法一体性的平衡。

但是,应该指出的是,在宗教和技术中的这种不成熟的审美化,趋向于一种静态的满足,一种在完全专门化之前的错误的完善;真正的技术性和真正的宗教不应该倾向于唯美主义(esthétisme),后者通过补偿来保持一种过分容易的魔术一体性,并保存了一种发展程度非常低的魔术和宗教。真正的思想发展要求思想的不同态度能够彼此分离,甚至对立,因为它们不能由单个主体同时来思考和发展。的确,它们需要有一个主体以深刻、必要的方式实现和接受它们,并将其中之一作为存在和生活的原则。为了发展一种态度,甚至有必要在几个对象之间交换思想,并在一个时间维度上成为一种传统并沿着时间线发展;因此纳入了一种特定类型作为社会团体的存在基础,如神话,如存在的合理化(justification)。

然而,一种思想变得越是社会化、集体化,就越能成为个人参与团体的一种途径，而这种思想也被特殊化，它充满了历史元素并变得刻板化。这是审美判断的第二项功能，它为不同社会群体的交流做准备，后者代表了不同思想类型的专门化。到目前为止，我们已经提出了不同的模态，就好像人类是个体而不是集体。实际上，如果主体是一个集体性存在，那么艺术的作用在于为这些最尖锐而多元化的态度找到共同之处。有技术人员和祭司，有学者和劳动者：原初的魔术使这些人有共同点，并且在审美意图中找到了交流思想的方式。在一个专门化的思想中，美的范畴意味着，专门化思想的完成同时需要补充性思想也以隐性和内在的方式得到满足。审美印象很难在一开始就产生，只能在结束时出现，因为这种努力必须首先朝着自己的方向发展，而且还必须进一步实现它之前不追求的以及不曾有的。美是优雅的，因为它是人们没有计划完成的成就，是人们没有直接努力完成的事情，然而在倾向于追求整体性的过程中，被模糊地感知为一种补充需求。走向整体性的倾向是审美研究的原则。但是，这一研究也开启了**无穷无尽的进步**（progressus ad indefinitum），因为这是每个学科对完美追求的意愿，而这种完美的目标恰恰是在它想要实现的领域以外。在这种情况下，审美研究无法找到稳定的准则，因为它是由否定性驱动的，也就是说意识到在一种思想模式之外，还有其他有效的思想模式：审美倾向是在给定领域内实现所有其他领域的等同性（équivalence）的努力；一个领域越特殊和专门化，就越需要审美来构建完美的作品，这种完美是一种超越自身以实现其他领域的等同性的渴望，并通过局部成就的过度来实现它们：这种局部的完美、过溢和闪亮，有能力实现该专门领域所缺乏的。

　　因此，艺术是对普遍性的渴望，是一个特殊的存在超越自身的模式和极限来实现所有模式的渴望：完美不是对局限的规范性的完全实现，而是对于卓越的发现，后者在自身中发挥了作用并且产生了充实的回响，以至于导向了所有其他模式，并通过贫瘠化（appauvrissement）来重新呈现这些模式。实际上，在审美中可能会有一种幻想，因为单一思想模式可能永远都不可能实现一种与其他思想模式的等同。但是，审美意图包括了对这种超越，对卓越的等同或相互转换的可能性的肯定。艺术是对具体卓越的追求，致力于每种模式，并通过模式自身的运动来寻找其他模式。这就是艺术之所以神奇之处：艺术的目的是在不摆脱自身模式的情况下找到其他模式，而只是通过扩展、重复以及完善来达到。魔术之所以存在，是因为人们假设有一种宇宙的真实的网状结构。每个模式都魔术般地超出自我，同时客观地停留在自身内部。这假定其他模式也有相同的内部追求：不是一种模式的稳定性与另一种模式的稳定性相通，而是卓越与卓越之间，审美意向与审美意向之间的交流。

我们可以重拾"转导性"这个词，艺术建立了不同模式彼此之间的转导性。艺术在某种模式下仍然是非模态的，正如围绕着个体的是一种前个体现实，后者容许它与集体的交流。

因此，审美意向在不同思想模式之间建立水平关系。正是这样才有可能从一个领域过渡到另一领域，从一种模式过渡到另一种模式，而无需同类化。审美意向揭示了从一个领域通向另一个领域的转导能力。这是溢出并达到极限的要求。它与包含在定义之中的属性、局限、本质、延伸与理解关联的意义相反。审美意向本身已经是对整体性的需求，对整体现实的追求。没有审美意向，日益狭窄的专业领域内部将无休止地寻找同样的现实。这就是为什么审美意向似乎永远偏离研究核心方向。实际上，这种偏离是在各领域的无目的碎片化下对真正连续性的追求。

审美意向允许建立一种转导的连续性，将它们之间的模式联系起来。因此，我们从宗教思想模式转移到技术思想模式（或者更好地说，从后宗教思想转向后技术思想），它的顺序如下：神学，神秘学，实践，理论。但是这种转导关系本身是封闭的，因此只能通过空间表示来掌握。我们从理论走向神学，从神秘学走向实践，两个客观秩序之间和两个主观秩序之间是连续的。在技术和宗教两个领域中，从主观秩序到客观秩序也存在着连续性。

　　因此，审美意向不会也不应该创造一个狭窄的领域，例如艺术领域。实际上，艺术发展成一个领域，并且有一个内在的终极性：保持现实领域的转导一体性（unité transductive），这一领域倾向于因为专业化而与自身分离。艺术是对意义的流失和对整体存在的依恋的深刻反映。它不是或不应该是补偿，或者后知后觉而出现的现实；相反，原始一体性早于根据一体性的发展。艺术可以宣扬、预言、介绍或完善，但并不实现：它是启动和奉献的深刻而统一的灵感。

　　我们甚至可以怀疑，就所观察到的而言，艺术难道不是以某种方式叙述，并且将现实整体转移到另一个时间单位、另一个历史时刻？艺术在它最终实现的庆祝和加冕（intronisation）中，将已完成的和局部的现实世界在**此时此地**转变成可以跨越时空的现实：它使人类的成就变得没有终点。我们通常说艺术使不同的现实永存。实际上，艺术并不会使什么不朽，而是使其具有转导性，赋予某一局部化和完善化的现实以转移到其他地方和时刻的力量。它不会让任何东西变得永恒，但是它赋予了重生和自我完成的力量。它播下了实质（quiddité）的种子；它赋予了特殊的存在（**此时此地**）以作为自己、再次成为自己、多次地成为自己的能力。艺术放松了个体性（eccéité）的束缚；它增强了个体性，使同一性（identité）具有重复而不失去作为同一性的能力。

　　艺术超越了存有论的界限，将自身从存在和非存在中解放出来：一个存在物可以在不否定自己、不拒绝自身存在的情况下生成并自我重复，艺术是迭代的力量，不破坏每次重新开始的现实，从这点看它是魔术。它使在时间和空间上所有独特的现实都成为网络中的一个点：这一点与其他无穷无尽的点是同质的（homologue），后者回应着它，并且不破坏网络每一节点的个体性：在真实（réel）的网状结构中，存在着所谓的审美奥秘。

二、技术思想,理论思想,实践思想

只有在原始技术与宗教形式的水平上,审美活动才能充分发挥其聚合的力量。但是,技术和宗教发展的自主性所包含的分支力量产生了一种新的思维方式的秩序,它来自技术和宗教内部的进一步分裂,而这一分裂已经不再和审美思想在同一自然水平了。相对于这些模式,审美思想显得原始。审美思想不能使它们通过自身的运动而聚合,它的活动只是作为范例为哲学思想提供了定向和支持。与审美思想一样,哲学思想处于对立周相之间的中性点。但是它的水平不同于魔术一体性的相移所产生的基本对立的水平;它是技术思想和宗教思想各自分裂之后产生的次要对立。但是,有必要研究这种次要的分裂,特别是技术活动,以了解如何作用在技术性的生成之上,以使哲学思想有效而且充分地发挥其后审美的(post-esthétique)聚合作用。

思想的原始模态(技术、宗教和审美)的水平的特征是偶尔才交流和表达。当然,审美思想可以传播,而技术和宗教也可以在某种程度上被学习、传播和教导。但是,主要是通过主体于某处境的直接的经验,这些思想的原始形式才被传递出去的。这些形式创建的对象,它们的发生都是可察觉的。但是构成这些思想本身并维持它们的思想图式(schèmes)、印象和规范并不直接来自表达的级别(ordre)。我们可以学习一首诗,思考一幅绘画作品,但是这并不能教会我们写诗或绘画:思想的核心不是通过表达来传递的,因为这些不同类型的思想是人与世界的调解,而不是主体之间的相遇:它们不意味着主体间系统的变化。

相反,思想的次要模态需要交流和表达,它们意味着判断的可能性、表达性交流的枢纽,正确来说,它们包括主体面对其表达内容的态度和模态。

现在,技术性引进了某些判断的类型,尤其是理论和实践判断,或者至少是某些理论和实践判断。

实际上,应当指出,不只技术性是交流思想(pensée communiquée)模态超饱和和分裂而产生出来的,宗教思想也是判断的基础。

技术思想的分裂,就像宗教思想一样,源自这种思想的超饱和状态。在原始的层面上,技术思想和宗教思想一样都不带判断。当模态(modalités)转变时,判断就出现了,因为模态是思想的模态,尤其是表达的模态,先于判断的模态。判断仅仅是表达交流的节点。作为沟通的工具,它拥有一种模态,因为模态是由表达的类型来定义的。它是表达的意向,前后包裹住判断。模态并不包含在判断中,它使判断出现,而判断具体化了表达方式,但并没有穷尽它。

在技术活动中,当行动失败时,会出现两种相反的模态,也就是说,它与世界形成了一个超饱和、不兼容的系统。如果一个姿势总是导致相同的结果,如果技术动作是单一的且没有缺陷,就不会出现相反的模态;技术思想永远是对完成的行为的效率的含蓄的掌握,并且不会与该行为区分开来。但是技术姿势的失败造成了技术行为的相移,形成两个对立的现实:一个图形现实,它由被人当作手段来学习的行动、习惯和结构化姿势的图式组成,以及一个背景现实,它由技术姿势所作用的世界的特质、维度和力量组成。作为技术姿势基础的这一背景现实是事物的动力,也使它们具有生产力,赋予它们繁殖力、效率和可用的能量。技术追求的是力量而不是结构,物质作为倾向、特质、美德的储存库。自然作为支持,作为行动的辅助,作为人们期待的效率的催化,因此姿势可以证实自己有效。自然是潜能的储备,φύσις在有不足时便显示出本性:它不同于人图式化的姿势,人的姿势必须根据生产性的自然(nature productrice)来完成才能在技术上有效。这种自然的潜力比简单的虚拟性丰富得多,它是可能性的模态的基础。逻辑上的可能性只是φύσις真正的虚拟性的弱化反映。自然的虚拟性是当技术意向失败时,通过有别于人类姿势来掌握和理解。

但是，虚拟性是一种理论上和客观上的模态，因为它所对应的是人的力量之外的东西，然而那仍是一种力量。它是纯粹的力量，绝对的力量。

在虚拟性的同时，技术行动的失败揭示了这种虚拟性的主观对应，即作为祈愿式（optatif）的可能。这套图式是不完整的现实。行动图式是行动的开始，是对世界的鼓动，以有利于操作的实现。在人们想要实现时，行动是被欲望的，是可渴求的并且已经被有效地渴求。但是它本身并没有自主性，因为人类的愿望只有行动萌芽的价值，它必须通过相遇才能实现世界的虚拟性：实践的祈愿对应于理论的虚拟，就好像图形现实对应于背景真实。祈愿是虚拟的图形。这隐性的耦合，直接出现在技术一体性中，先于任何模态。这两种模态的出现，一种是理论的，另一种是实践的，表达了第一个一体性的破裂。此一体性同时是知识和行动，即完整且具体的技术思想。

但这只是实践思想和理论思想的来源之一。虚拟性存在的假设不是科学，正如图式的可能性也不是实践思想。**生理学**①是科学的原型，但还不是科学。重要的是要留意，潜能虚拟性的概念总是很特殊的：它针对一个基本的、零散的、由部分构成的现实。它与世界整体没有相对性（relative）。潜能是真实的某个领域的潜能，而不是它所形成的稳定系统中所有真实的潜能；很少人留意到虚拟性来自技术性；技术行动的有效或无效取决于局部的力量（pouvoirs locaux）。它必须在**此时此地**与虚拟性相遇，而该虚拟性已准备好在技术姿势中被实现。虚拟性被置入，被局部化，特殊化。这是客观的可能，而祈愿是主观的。因此，自然而然，这种虚拟性的模态支配了归纳法，旨在通过对经验的累积来发现真相。归纳法的原始形式是基于虚拟性而不是必然性。通过归纳获得的真理可能并非完全真实。正是所有这些虚拟性的元素的添加使其趋于真实；它们每一个都是虚拟的。但是所有虚拟性累积和互相连接

---

① 这里生理学的意义是来自我们所谓的"爱奥尼亚的生理学家"。

所产生的系统趋于达到与基本的稳定性等同的状态,这种相对于"自然法则"的虚拟的稳定性不单存在并且随处可见。但是在自然定律之前,人们发现了第一个归纳方法,即自然的力量,φύσεις,产生效果的能力。归纳思想积累了各种特殊的力量,然后通过相似性和领域对它们进行排列,并根据人们可以发现的自然力量对真实进行分类。在第一种形式中,归纳思想为技术行动准备了一个总体图景,以期通过定义行动可以利用的所有力量,在感官印象的多样性下深入地认识它们以确保随时可以得到这些力量,以避免技术失败。

因此,归纳思想不仅由其内容来定义。它是技术崩坏(éclatement)而产生的理论思想形式。从方法上来说,它是从特殊元素和经验到整个集合乃至对整体肯定的思想,在累积特殊经验的有效性的同时掌握了整体话语的有效性。就内容而言,这种思想则保留了世界的质量和生成的力量,例如重与轻,寒冷与潮湿,僵硬与柔韧,腐烂与不朽。原始归纳思想寻求的事物的所有特征都涉及技术操作:这并不意味着理论上的归纳思想是实用(pragmatique)的思想,它关注行动的目的仅在于促进技术行动。恰恰相反:归纳思想来自直接、分散、局部的技术行动的失败。这种失败导致了图形现实与其背景现实的分离。归纳思想组织背景现实。但是,如果它不是面向行动的,那么归纳思想则不具有其技术源头的记号:要掌握一个背景现实,φύσις,它必须与某一技术操作挂钩:归纳所保留的正是行动的祈愿可能唤起的。

由于技术的失败,技术思想发现世界不再能完全融入技术之中。如果世界仅由图形结构构成,那么取得胜利的技术将永远不会遇到障碍。但是,除了与人类姿势同质的图形结构之外,还有另一种现实,它作为人类姿势有效性的无条件限制(limite inconditionnelle)进行了否定性的干预。如果水能够在泵体中升至任意高度,那么喷泉技术就足够了:能达到的高度越高,泵体的结构、管道的安装、阀门的磨合就应该越完美。在不改变领域、不使用新概念的情况下,要达到的结果的重要性与建造的技术努力之间才会相称。但是,当吸水泵中的水不可能上升到一定高度以上时,技术概念就变得不足了。问题并不是技术物不够完美。最好的喷泉也只能使水升到 10.33 米。世界不会绝对服从技术姿势,也不会不具自发性。受技术操作影响的世界不是中性的背景:它具有一些反结构(contre-structures),与图形技术的图式对立。但是,世界的这些阻止性的力量作为一种取之不尽、用之不竭的条件储备介入每种技术公理,在技术趋向完善时,它使这种公理性变得过度饱和:斗轮(roue à godets),阿基米德螺丝不会遇到反结构,但是喷泉技术人员的精巧工艺却遇到了这种制动力。特别要注意的是,制动力的新条件与技术完善的条件并不相同:技术完善的条件本身会由于技术物的具体化(系统化及完美化)而趋于饱和,但是在这些条件以外,还有与它们不兼容的、由自然所干预的条件。

正是为了重新发现破碎的兼容性,技术思想分裂为实践和理论:技术所产生的理论思想是,在其中可以有一种新的统一而连贯的方式来思考操作的全部条件。因此,静水压力允许找到与泵体内水上升条件相符合的另一个系统:水的上升由作用在泵底部和顶部的压力差来解释,旧的技术条件(泵体的泄漏使水柱顶部保留残余压力,即最小的阀门开启压力)与旧的非技术性的(液柱高度、大气压、液体的蒸汽压)条件的性质不再有任何区别。所有条件都以同质的思想体系汇集在一起,围绕既是自然又是技术的压力概念而展开。技术故障迫使思想改变水平,以建立一种新的公理体系,它以同质的方式结合(使它们相互兼容)技术操作的图形图式以及自然在技术姿势中对这些图形图式(schèmes figuraux)所施加的有效性的限制。概念是建立观念兼容性的新的表示形式。科学之所以是概念性的,不是因为它来自技术,而是因为它是技术姿势与世界对这些姿势施加的限制之间的兼容系统。如果它直接来自技术,它将仅由图形的图式而不是概念构成。而被视为支持技术姿势的自然质量,φύσεις,构成了概念最原始的类型,标志着归纳科学思想的开端。

这种脱节的另一个结果是出现了一种没有置入于现实的实践思想，它也是由最初彼此分离的一系列图式构成的。这些祈愿从技术姿势的应用中释放出来之后，便彼此协调，就像世界的客观虚拟性，并按照类比于理论知识的归纳法的过程，形成了一个实践的整体。这是实践道德的基础之一，它具有价值，如努力的有效性和行动的非荒谬性；在将这些价值观进行分组和系统化之前，它们必须已经在世界中被实践及经历过。另外，它们永远不可能完全系统化，因为它们会导致多元价值，就好像理论归纳知识会导致事物属性和真实法则的多样性一样。因为归纳性，由技术而产生的理论思想和实践思想仍然是多元的。我们不能解释为什么简单、易于执行是一种价值，而有效是另一种价值。简便性和效率之间没有分析性关系。但是，简单而有效的行动是有价值的。只有先前的技术体验，实际被应用并置入**此时此地**中，才能为实践道德的多元价值提供基础。它们以实践思想为基础，不再是技术规范，而是从技术行动的失败出发，并相对应地以其归纳的理论知识的客观基础和实践道德标准的主观基础来作出解释。

这种多元、分散、归纳的性质，因为最初是经验性的，与分裂所产生的宗教思想对立。实际上，宗教思想为了继续作为人与世界之间的调解并与自身兼容，它内化了太多主观和客观因素，结果达到了超饱和，逐渐分裂为理论和实践模式。宗教思想所内化的是集体主观性，它将社会结构转化为对普遍代表的需求。由于负载着社会性推断，宗教思想不再能够在人与世界之间进行调解。它分裂为代表性要求和规范性要求，普遍的神学教条和普遍的伦理学。在这两个专门化中，它保留了其宗教思想的特征，即从一开始就对无条件的整体性和一体性的追求。

宗教思想与技术思想一样，确实遭遇到了力量的局限性，后者无法纳入其公理性之中。如果应用于世界和人类的宗教思想没有渣滓也没有缺陷，那么它所代表的对整体性的敬仰的功能也将永远不会被违背。然而，原始的魔术网络结构之外的其他整体的维度出现了。个体倾向，以及尤其是随着时间的流逝而逐步发展和建立的社会群体,都具有无法被调解或中介的整体力量。每个城市都具有其对世界的愿景和无条件的律令。当其他城市都发展成为帝国时,德尔斐(Delphes)不能总是保持中立。宇宙中有些力量虽然不是来自魔术宇宙的背景,但也具有相似的背景特征。神谕(oracle)的力量遇到了另一种与其同一高度的力量,该力量与之兼容,但它并不是来自原始宗教。它是一种不完全是来自背景的力量;它具有某种结构性,并特殊化了世界的视野。一座城市是一个整体,一个帝国想统治天下,但这总是不完整的。宗教思想又分为理论思想和实践思想,然而实践思想定义了行动守则,理论思想则试图以更高的表示形式与世界的质量和力量兼容,从而建立了 θεωρία。

表达宗教性的理论知识寻求对宇宙和人的一元性的系统的再现,从整体开始走向部分,从时间整体出发了解瞬间的特殊性:它是一种一元论式的和演绎式的(déductif)知识。它在本质上是沉思式的,而源于技术的理论知识则是操作性的。从某种意义上来说,这种知识是沉思式的,相对于要认识的现实,认识主体仍处于次等和后来的地位。这种知识构成现实的方式不是通过归纳知识中的连续姿势,从而为观察到的不协调提供了秩序。对于沉思式的演绎性知识(savoir),认知(connaissance)的努力仅仅是意识到已存在的秩序,而不是对实际秩序的知识。知识不会改变存在,并且永远都不足以完全掌握存在,因为存在是在知识之前,而且知识在它之中如反射般展开。

科学使用数字的起源似乎是宗教而不是技术。实际上,数字本质上是一种结构,它允许演绎,并可以从整体上把握特殊的现实并将其整合。柏拉图所定义的哲学家的数字,将商人和哲学家的度量(métrétique)对立,前者是纯粹的务实,它无法帮助我们认识存在之间、存在与整体(即宇宙)之间的关系。理想的数字(nombres idéax)是允许参与关系的结构。亚里士多德在《形而上学》中对理念-数论的批判并没有保留柏拉图的理念-数论(idées-nombres)那种显著的结构特征,因为亚里士多德遵循归纳思想的图式,通过运算来理解数字。然而,使用数字的理论思想源于宗教,它本质上是沉思式的。它不想计算或衡量存在物,而是要评估相对于世界整体,它们的本质到底是什么。这就是为什么它研究每一特殊事物的基本结构。宗教思想具有整体性功能和一元论的启发性(inspiration moniste),是理论知识的第二个来源。应该指出的是,它的意向是掌握普遍的图形现实、世界的秩序、存在的整体经济。在这项研究中,它是形而上学的(métaphysique),而不是物理的,因为它的目的不是像技术思想那样分散,后者是对局部的背景现实、力量或 φύσεις 的归纳性积累。它寻求普遍的结构线条,即整体的图形。因此可以假设,源于演绎法的理论知识的探索永远无法完全得出归纳法探索的结果,因为前一种方法是基于背景现实,后一种是基于图形现实。

在实践中,宗教思想产生了义务伦理,后者从既定的绝对原则开始,并下降到特殊的规则。宗教统治下的思想形式的理论一元论与实践一元论之间存在着类比关系。世界的秩序不能有其他可能。这与虚拟性相反。它是先于任何认知甚至任何生成的实现(actualité):理论的演绎知识的模态是必要的。必然性的理论形式在实践上对应于律令的绝对性和唯一性,也就是说,它是定然的(catégorique)。这个律令发布号令。如果康德没有将定然律令与理性的普遍性联系起来的话,那么他对定然律令的分析可以用来定义源于宗教的伦理原则。宗教的定然律令的定然性先于理性。它之所以如此直接,是因为作为存在的整体先于所有特殊的行为,并无限地超越后者,就好像现实包裹着特殊的存在(即道德行为的主体)。道德律令的定然性表达了对整体性的要求,以及这种要求对行为主体的特殊性而言的无上权力。定然律令首先是对整体的尊重。它是由背景现实所赋予、自主的特征所构成的。道德主体在定然律令中所尊重的是作为整体的真实,它无限地超越了主体,限制并合法化了它的行动,因为行动包含在它之内。每个特殊的行动都关系着整体,在存在的实质上展开并在当中找到它的规范性。行动既不构建也不改变整体:它只能作用于整体并适应它。这是伦理的第二个来源，与技术来源对立。

因此，我们可以说，有两种理论思想来源和两种实践思想来源：技术和宗教，它们因为自身的超饱和而分裂，并且彼此都找到了背景内容和图形内容。理论思想收集了技术的背景内容和宗教的图形内容；因此它同时是归纳性和演绎性、操作性和沉思性的。实践思想收集了技术的图形内容和宗教的背景内容，后者为它提供了假然（hypothétiques）规范和定然规范、多元论和一元论。

完整的知识和完整的道德将处于来自对立来源的，按理论和实践划分的思想模式的交汇点。然而，这是冲突，而不是在这些对立的需求之间出现的一体性的发现。无论是理论还是实践思想都无法完全发现真正处于两个基本方向交汇点的内容。但是这些方向作为规范性力量，通过定义独特的模态，可以逐个判断逐个行动地存在。

按照理论秩序，这种中间的综合模态是现实的模态。真实不是一早给出的；它是归纳知识和演绎知识相遇的实现。这是相遇的可能性的基础，也是多元认知与一元认知之间兼容的相关性基础。真实是虚拟和必然的综合，或者更确切地说是它们兼容性的基础。在归纳多元论与演绎一元论之间，存在着作为完整现实的图形-背景关系的稳定性。

相应地，在实践中，由技术产生的实践思想的祈愿模态与定然律令之间存在着中心的道德范畴，它在祈愿与义务的交汇点上，在实践价值的多元论以及定然律令的一元论之间。这个模态没有名字，因为只有极端的术语（假然律令和定然律令）被注意到。然而，它在实践上对应着理论上的现实。它包含着价值的可能的多元性以及兼容性规范的一体性，寻找行动的最优化。最优化是兼容多元价值和整体的无条件要求的行动的特征。行动的最优化假设了假然律令和定然律令的可能的聚合，并且构成了这种兼容性，就像真实的结构的发现兼容了归纳的多元论和演绎的一元论。

我们可以说,理论思想和实践思想结合的条件是当它们朝着中性中心聚合时,找到了一种原始魔术思想的类比。但是,以理论判断和实践判断的两个中值(médianes)模态(行动的现实性和最优性)的存在为前提,理论一体性和实践一体性在理论和实践之间留下一道裂缝。魔术一体性的原始分裂为图形和背景,已被思想的双模性(caractère bimodal)所取代,分为理论和实践。每种模式,理论和实践,都有图形和背景;但是只有两者在一起,才能汇集原始魔术思想的完整遗产,即人类存在于世界中的完整模式。为了完全弥补思想生成的分歧,理论秩序和实践秩序之间的距离必须被某一种具有综合能力的思想跨越,后者可以呈现为魔术的功能类比,然后是审美活动的类比。换句话说,有必要在理论思想与实践思想之间的关系层面上,再次进行审美思想在技术与宗教之间的原始对立层面上所完成的工作。这项工作要靠哲学反思来完成。

现在,要完成这项哲学工作,反思的基础必须牢固而完整:换句话说,理论和实践思想形式的发生论必须得到充分和完整的理解,以使要建立的关系的意义得以呈现。因此,为了能够发挥其聚合的作用,哲学思想必须首先了解先前的起源或发生(genèses),以便掌握模式的真实意义,从而能够确定哲学思想的真正中性中心。实际上,理论思想和实践思想总是不完善和不完整的,我们必须把握的是它们的意向和方向。但是,通过检查思想的每一种形式的当前内容都不会给出这个方向和意向。我们必须意识到,是每种形式从其起源开始的生成的意义,可以让哲学找到应该摸索的方向。哲学思想必须重新承担起作为聚合的力量来介入生成。哲学自身可以进行一种转换,将分裂为理论思想和实践思想之前的技术思想和宗教思想转换为关系性的模式(modes relationnels)。如果没有一个先于分离并将审美思想与哲学重新联系的基本共同领域,那么将没有任何证据显示可以在这些思想形式之间建立可行的综合。这种平均模式可以称为文化。因此,哲学对文化具有建设性和调节作用,将宗教和技术的意义转化为文化内容。尤其是,

它 的 任 务 是 将 技 术 思 想 和 宗 教 思 想 的 新 表 现（manifestations nouvelles）引进文化：文化将是中性点，伴随着不同形式的思想的发生，并保存这种聚合力量的成果。

　　由 于 技 术 的 元 素 思 想 和 宗 教 的 整 体 思 想 都 应 用 于 调 解（médiation），不只是世界和人类个体之间而且是地理世界以及人类世界之间的调解，因此有可能将聚合的努力应用于这两种思想的最新形式。这两种类型的思想都以人类现实为对象，并且从这新的任务出发来展开。它们以不同的方式折射着人类的现实：这种物的共同体可以通过哲学反思来作为文化建构的基础。人类技术在某种程度上都是群体形式的技术，因为人类参与了技术组合的决定。技术活动的饱和可能导致结构化，这种结构化有别于思想分裂为理论模式和实践模式。哲学思想可以使技术思想更长久、更完整地保持其技术性，以便尝试将人存在于世界的两个对立周相（在分裂为技术思想和宗教思想之前）联系起来。因此，哲学思想必须重新理解生成，也就是说，放慢其速度，以深化其含义并使之富有成果：将思想的基本周相分解为理论和实践模式可能并不成熟。哲学可以保留技术性和宗教性，以在发生论中发现它们可能的聚合，而如果没有哲学努力的发生意向，这是无法自发完成的。因此，哲学要提出的不仅是发现，而且是生产发生论的本质。

第七章　技术思想与哲学思想

在第一阶段中，技术和宗教之间的对立在于：技术旨在阐述自然世界，而与之对比，宗教则思考个人命运。但是存在着技术和宗教的第二阶段：在继续对自然世界的阐述之后，技术思想已经转向了人类世界，并将其分析以及分解为元素（或基本）过程，然后根据运作图式进行重构；这保留了图形结构，也抛弃了背景的质量和力量。以人类世界作为整体来考虑，这些技术对应于其他与人类世界相关的思想类型。习俗上不称之为宗教，因为传统将宗教这一名称留给了与规划世界的技术同代的思想模式。但是，承担整体功能的思想模式与应用于人类世界的技术相反，它们是具有世界意义的伟大的政治运动，这些思想模式与宗教的功能类似。但是，人类的技术以及政治和社会思想是魔术思想的新一轮分裂的结果。由于原始魔术世界的解体，古代的技术和宗教得以发展。原始魔术世界几乎完全被视为自然世界，而人类世界一直笼罩在原始的魔术网络化结构中。相反，从人类技术打破了这种网络化结构并把人视为技术问题的那一刻起，随着图形-背景新的破裂，也相应地产生了一种思想，它从低于一体性的水平（人类管理的技术）掌握人类，以及另一种思想，它从高于一体性的水平（政治和社会思想）来把握他们。因为古老的技术和宗教一样，是由于自然魔术网络的破裂而产生，人类的技术和政治思想也是相对立的。技术以图形特征作用在人身上，将人多元化，并且以他为市民、劳动者、家庭成员来研究。确实是这些图形的元素保存了技术，特别是像融入社会团体和群体凝聚力等标准。这些标准将态度转化为结构元素，就好像社会计量学将选择转化为社会关系图（sociogramme）。社会和政治思想，不是分析人，而是将他们分类和判断，放置到由背景的力量和质量所定义的类别里，就好像宗教通过将每个个体根据神圣或世俗、纯洁或不纯洁等范畴来分类和判断。正如宗教要反抗技术对某些地方以及时刻的世俗化（profanation）时，会通过禁止来规范技术要尊重这些地方和时刻（例如假期）；同样，社会和政治思想，即使它们之间彼此对立，也限制了人的技术，迫使它们尊重现实，就好像人的技术是恶意的，违背了对整体的尊重。因此，人类世界在元素上以人的技术为代表，在整体上以社会和政治关注为代表；但是，这两种表示方式还不够，因为只有中性点才能把握人类世界的一体性。技术将其多元化，政治思想将其整合为更高的一体性，即整个人类未来的整体性（totalité），在那里，它失去了真正的一体性，就像迷失在团体中的个体一样。

然而，我们需要一种思想来把握人类现实的真实个体化（individuation）水平，这种思想对于人类世界来说类似于审美思想之于自然世界。这种思想尚未成形，但似乎正是哲学思想的任务。我们可以将审美活动视为一种隐含的（implicite）哲学，但是，尽管审美思想可以应用于人类世界，要在人类技术与社会和政治思想之间建立起稳定而完整的联系似乎仍是困难的。实际上，这一建构不可能是孤立的，因为人类世界与自然世界紧密相连。人类的技术是作为独立技术出现的，阐述自然世界的技术突然迅速发展，改变了社会和政治制度。因此，不仅是必须在人类技术与社会和政治思想之间建立这种关系，而且还必须在所有元素功能与所有整体功能之间建立关系，包括人类技术和世界技术、宗教思想和社会政治思想。哲学思想适用于这样的阐述，因为它可以了解不同思想形式的未来，并在相继的发生阶段之间建立一种关系，特别是在自然魔术宇宙破裂完成的阶段和人类魔术宇宙解体完成的阶段之间建立联系，而这种关系正在完成的过程中。相反，审美思想跟每一次分裂总是同期的：即使有可能在人类技术与社会政治思想之间创造一种新的审美，它也需要一种哲学思想，一种审美的审美，将这两个相继的审美彼此联系起来。因此，哲学将构成思想未来的最高中性点。

因此，哲学要完成一项独一无二的任务，即寻求技术和非技术思想模式之间的统一。但是此任务可以有两种不同的路径。

其一是以审美活动为模型，并试图实现人类世界的审美，以使人类世界的技术能够满足世界整体的功能，而社会政治思想正是对后者的关注。其二，不从在原始状态承担整体功能的技术和思想开始，而只是在分裂为理论和实践，以科学和伦理重新统一起来之后。第二种方法绕道较长，根据传统以及问题性（problématique）的需求，相对应于哲学研究。但是，目前的观念和方法似乎导致了僵局，特别是在康德区分了理论和实践两个领域，并赋予每个领域以独立的地位之后。笛卡尔已经在理论知识完成之前，试图通过临时性（provision）建立道德基础。① 我们可以怀疑，科学与伦理之间的关系无法解决难道不正是源于这样的一个事实，即科学与伦理并不是真正的综合，并非完美的连贯和统一，而是在技术思想和宗教思想之间的一种不稳定的折中，也就是说，在对元素的知识的需求和对整体功能的需求之间的折中。在这个情况下，必须从根本上重新考虑思想模式的发生，在技术和宗教对立的相移中来思考。这一相移发生在技术内部以及宗教内部的分裂、各自产生理论模式和实践模式之前：哲学思想通过对技术和宗教的反思也许可以发现一种反思性的技术和源自宗教的灵感，两者将直接和完全地重合，而不需要创造一个不完整和不稳定的中间地带，就像审美活动所建立的那种。

---

① 译注：在《谈谈方法》中，笛卡尔提出了所谓的临时性作为道德（morale par provision）。

在分裂为理论模式和实践模式之前,这种关系同时是理论上和实践上的。它能真正以及完整地履行审美活动仅能部分地履行的角色,并试图在自然与人类的独特世界中置入技术与宗教(政治和社会思想在这里可视为是具有与宗教相同的等级,可以像宗教一样对待)。为了使这种置入成为可能,技术思想和宗教思想应处于一体性的水平,而不是低于或高于一体性:多元结构和整体结构应由一个一体性网络代替,这些一体性类比地彼此连接。

这一发现的条件是技术意义和宗教意义的深化,它可以导致技术和宗教的网状结构化。技术和宗教不能在内容的连续性上重合,但可以在属于彼此领域的某些独特的点上重合,从而构成了第三个领域,即文化现实。

通过发现比在特定领域中使用的图式更广阔的图式,技术思想可以被重新结构化。实际上,技术的多元性不仅是由于技术物的多样性,而且还是因为人类的职业和使用范围的多样性。用途各异的技术物可能具有类似的图式。技术现实的真正基本单位不是实践对象,而是具体化了的技术个体。通过思考这些具体化的技术个体,可以发现真正的纯技术图式(例如因果关系、条件、控制等不同模式的图式)。

应用于技术的反思性的特征在于,可以通过图式的一般化来发展出所有技术的技术。正如我们定义纯科学一样,我们可以考虑建立一种纯技术或一般技术(technologie générale),它与转化为技术应用的理论科学完全不同。的确,在科学领域中的发现确实可以促进新技术的诞生。但是,科学发现并非通过直接演绎就发展出技术:它为技术研究提供了新的条件,但是必须通过发明才能使技术物出现。换句话说,科学思想必须成为一种运作图式(schèmes opératoires)或对运作图式的支持。相反,我们所谓的纯技术是多门科学的交汇点,也是散布在多个专业之间的传统技术领域的交汇点。因此,循环行动图式及其各种机制并不隶属于任何特定技术。它们首先在信息传输和自动化的技术中被注意到,并在概念上被定义,因为它们发挥着重要的实际作用,但是它们早已经在诸如热机（引擎）等技术中被采用，麦克斯韦（Maxwell）也在理论上研究了它们。然而，任何内容涵盖多种技术或至少适用于技术的开放多元性的思想都超出了技术领域。可以通过反复的因果图式来思考神经系统功能中包括的某些过程，或者其他自然现象。因此，松弛图式（schème de relaxation）无论是应用于技术设备、间歇性喷泉的运作还是帕金森氏震颤现象都是一样的。因果关系和条件性的一般理论超出了领域的特殊性，即使该理论的概念起源于某特殊的技术。因此，广义技术学（technologie généralisée）的模式超出了单独的技术物。特别是，它们使人们可以充分地思考技术物与自然世界之间的关系，也就是说，确保以超越经验主义的方式将技术置入世界。技术物被置于作用和反作用的中间时，其过程是可预见和可计算的，技术物不再与世界分离，分离是源于魔术世界原始结构的破裂。在一般技术（technologie générale）中可以再次发现被技术客体化打破的图形-背景关系。同样地，技术物是根据其必须参与的环境而发明的，特定的技术图式反映并融合了自然世界的特征。技术思想通过将缔合环境的需求和模式并入技术个体来进行扩展。

这样，在某种程度上，一门综合技术学（technologie polytechnique）替代了单独而分散的技术，而技术现实在其所实现的客观性中呈现出一种网络结构；它们是相互联系的，而不是像工匠的工作那样自给自足，它们与受关键点的网眼所约束的世界相连：这些工具是自由和抽象的，可随时随地转移，但技术组合是与自然世界具体地联系的名副其实的网络。并不是任何地方都可以建坝，都可以装太阳能烤箱。一些传统文化的观念似乎认为，技术的发展会导致地方和区域的特殊性的消失，从而导致当地手工艺和习俗的流失。实际上，技术的发展比它所破坏的东西产生了更重要、更根深蒂固的具体化。一种手工习俗，例如地方性的服饰，可以通过简单的影响从一个地方传到另一个地方；它只植根于人类世界。相反，技术组合深深植根于自然环境中。原始土地上并没有煤矿。

这样就形成了自然、技术和人类的世界上的某些高地;这些高地的相互联系,造就了同时是自然和人文的技术宇宙。这种网状结构也变成社会性与政治性的。在现实中,对于自然世界和人类世界来说,技术并不是彼此分离的。但是,对于技术思想来说,它们仍然是分开的,因为尚无充分发展的思想足以理论化具体组合的技术网络化。这种建构的任务落在哲学思想上,因为文化尚未能代表这种新现实。在技术(techniques)规定和规范之上,应发现综合技术和技术学(polytechniques ct technologiques)的规定和规范。存在多元技术的世界,它有自己的结构,但必须在文化中找到它充分的表述。但是,网络这个词,很笼统地用在电能、电话、铁路、公路等范畴中,这是非常不精确的,并且没有考虑存在于这些网络中的特殊因果关系和条件制度,后者在功能上将它们与人类世界和自然世界联系起来,作为这两个世界之间的具体中介。

将技术物的充分表述引入文化将导致技术网络的关键点成为所有人类群体的真实参照,而目前仅限于那些了解它们的人,也就是说专业的技术人员。对于其他的人来说,它们仅具有实用价值,仅是一些令人困惑的概念;被引进世界的技术组合没有自然和人类的城市权利,而相比之下那些具更小的具体调节力量的山脉和海角,却在该地区众所周知,并构成了世界的表述。

但是,我们可以质问,一般技术的创造在多大程度上可重新接合宗教和技术;如果对过程的理论认识没有同时包含规范性价值,那么对真正复杂的操作图式的认识和技术组合的整合将不足以实现这种重新接合。的确,已整合的技术的网状结构不再只是可用于行动的手段,并且可以抽象地转移到任何地方及时刻。我们更换工具和仪器,我们可以自己制作或修复工具,但是我们不改变网络,也不能构建网络;我们只能连接到网络,适应网络,参与其中。网络支配着每个人的行动,甚至支配着每个技术组合。因此出现了一种自然世界和人类世界的参与形式,后者产生了一种无法被压缩为技术活动的集体规范性。它不再仅仅是像苏利·普吕多姆(Sully Prudhomme)所提倡的那种抽象的团结(专家、泥瓦匠、面包师的团结),而是一种极度具体性和现实性的团结,它通过多层的条件化过程而逐刻出现。通过技术网络,人类世界获得了高度的内部共鸣。行动背后的主宰、力量和潜力存在于网状的技术世界中,就像它们可能存在于原始魔术宇宙中一样:技术性是世界的一部分,不仅是一套手段,而且是行动的条件以及行动的动机。工具或仪器没有规范权,因为它们永久地由个人支配;技术网络具有更强的规范性力量,而人类活动的内部共鸣通过技术现实则变得更为强烈。

但是,技术组合的价值评估及其规范性价值会导致一种非常特殊的敬仰的形式,它针对纯技术性。这种敬仰的形式是基于对技术现实的了解,而不是植根于文化内部的想象的幻觉。离开大城市的主要道路就有这种类似的敬仰。同样地,港口、枢纽中心或机场管制塔台都是网络的关键点。它们之所以都具有这种能力,是因为它们是关键点,而不是因为它们所包含的技术物的吸引力。巴黎天文台的时钟就是这样,十多年前,一群理科学生经过地下墓穴时的喧哗轻微地打扰了它,这种冒犯对于技术神圣的影响却是相当可观的。然而,如果将同一个时钟放在实验室中进行教学,并且随意调校时钟来显示它功能上的自我调节,并没有人会有冒犯神圣的感觉;事实上,这是因为天文台的时钟是网络的关键点(它通过无线电发送时间信号),因此对其骚扰是可耻的。这种骚扰本来并不构成实际危险,因为它太小而没有严重到足以误导船舶。正确地说,这是严格意义上的亵渎,这与可能带来的实际后果无关,受影响的是参考系统的稳定性。此外,可能文科学生不会有同样的想法,因为对他们来说,天文台的时钟并没有这种规范性的价值。它不是神圣的,因为它的技术本质不为人所知,并且在其文化中没有充分的概念来表述它。这些尊重和不尊重的形式在自然和人类世界所蕴含的技术性之中体现了超越实用的价值。根据海德格尔的说法,能够认识技术现实的思想在于超越了单独的对象以及专门的行业,发现了技术组织的本质和意义(portée)。

传统的宗教思想似乎在其对抗新技术的偏见中找到了一种自我意识的方式。实际上,它针对的并不是技术本身,而是与这些技术同时代的文明,它不仅抛弃了传统宗教,而且抛弃了与后者同时代的旧技术。这一对立是错误的,当前的技术应与社会和政治思想相结合,而不是与宗教相结合,因为宗教并非与它们同时代的。只有在实现了同一时代的技术和宗教的耦合之后,才能理解各个相继阶段的连续性,但不能将两个不同时代的周相对立。

但是,如果我们考虑到与当前技术发展同时期的社会和政治思想,就会发现它们将宗教的绝对普遍性降低到了与置入自然世界与人类世界相一致的维度。毫无疑问,所有政治和社会学说都倾向于将自己呈现为一种绝对和无条件的,而且超乎任何特定时空的有效性。然而,社会和政治思想接受提出具体和即时的问题;像技术思想的发展一样,它表述了世界的网状结构,包括关键点和关键时刻。它作用在技术现实,不将后者视为简单的手段,而是在自然和人类世界融合的网络的层次上来把握它。因此,最近的三种主要的社会和政治学说都各自以其原创的方式表述并赋予技术以价值。国家社会主义思想将人民的命运与技术扩张联系起来,并根据这一主要的扩张来思考邻国的人民的角色。美国的民主学说包括技术进步的定义及其在文明中的意义。生活水平的概念是社会性的,它构成一种文化现实,其内容的重点是技术(不仅拥有这种或那种工具或仪器,而且知道如何利用这个或那个网络,在功能上与其连接)。最后,马克思共产主义理论在其经验和实现的方面都将技术发展视为需要完成的社会和政治努力的必要面向。它通过拖拉机的使用和工厂的建立来获得自我意识。在政治层面,大国自身的意识不仅涉及其技术水平(仅是对力量的评估)的表现,而且还涉及通过技术现实的中介以参与当下的整个宇宙。技术的变化导致对所谓的宇宙政治格局(constellation politique de l'univers)的改变:关键点被转移到世界的表面;今天的煤炭没有第一次世界大战前夕那么重要,但是石油更重要。这些结构比经济结构更稳定并同时支配着它们:自从罗马人的征服以来,尽管经过大量的经济调整,某些通往矿床的通道仍保持稳定。社会思想和政治思想是根据一定数量的显著点、问题点参与进世界的,这些点和技术性的网络的置入点重叠。

这样,我们并不是说社会和政治结构仅限于表达经济状况,而后者则是由技术状态来决定;而是要指出,政治和社会思想的关键点的分布和置入至少部分地与技术的关键点的分布和置入重叠。这种重叠变得比技术更完美,并且以固定组合的形式越来越多地置入宇宙(univers)中,彼此相连,将人类个体束缚在特定的网格中。

但是,这种政治思想和技术思想结构在形式上的重新接合并不能解决技术与非技术思想形式之间的关系的问题。实际上,以放弃普遍性为代价,政治思想和社会思想设法使其结构与技术思想(尤其是应用于人类世界的技术思想)的结构重叠。政治和社会思想设法与贸易、进口和出口的表述完美地重叠,也就是说,与经济现实重叠。后者是技术存在所产生的结果,同时也反映了人类如何使用这些技术。这些人类群体使用技术的模式屈服于已不再适用于自然世界、而只适用于人类世界的技术,它不会产生技术物或技术组合(除非我们仅视之为广告或买卖的手段)。因此,我们可以说,技术思想和非技术思想之间的协议是可能的,但代价是在技术和非技术领域都进行极大的简化和抽象化。

这种简化一方面在自然世界的技术与人类世界的技术之间建立一种断裂,另一方面在宗教思想与政治与社会思想之间建立一种断裂。通过这种断裂,再加上放弃了自然世界的技术需求,人类世界的技术不再被迫停留在真正一体性之下的元素的多元性中,而是相信自己在群体、群众和民意中已经掌握了真正的一体性。在现实中,它们继续将元素思想应用于全球现实,例如研究大众媒体,就好像它们与自身所处的群体的具体现实不同。图形和背景之间的断裂仍然存在于人类世界的技术中,这一点相当明显,但是在技术的使用中却没有被注意到,因为这些技术试图准确地作用于我们可称之为背景之图形(即那些形式化和制度化的程度最低的图形)的效果。尽管具有这种特征,它们仍然是图形现实,而不是整体和完整的现实。

同样的不足之处还体现在政治和社会思想中,这些思想介于对整体性的真正的思考(不受任何群体影响而政治化或者社会化的真正的宗教思想)以及对某时刻或某群体的需求的神话式表达的应用之间:一般说来,一个群体的神话被确立为可普遍化的学说,这就是为什么政治和社会思想是战斗性思想,因为这种所谓的普遍性的管理背后是一种起源以及意向都不普遍的东西。因此,我们可以理解人类的管理技术与政治和社会思想之间的距离并不是很大:政治运动可以利用广告技术来做政治宣传,某种人类管理技术引导了政治和社会选择。但是,这种相遇,这种相互共谋,不得不放弃对象征着真正的技术性的元素功能的忠诚,同时也不得不相应地放弃宗教所象征着的代表整体功能的责任。流程和神话的结合不是技术性和对整体的尊重的结合。

这就是为什么哲学思想必须保持技术思想、宗教思想,然后是社会思想和政治思想的相继阶段之间的连续性。从应用于自然世界的技术到针对人类世界的技术,技术性都需要被维持,就好像从宗教思想到社会和政治思想,整体性的关注都必须得以保持一样。如果没有这种连续性,没有技术和针对整体功能的思想的发展的真正一体性,那么在自然世界的相关形式与人类世界的相关形式之间就只会建立虚假的对话。例如,人类管理的技术只是工业技术(科学管理,*scientific management*)中的一个变量而已,又或者传统的宗教思想选择采用了世界观最与其接近的政治和社会思想,同时也因此而丧失了普遍性。

考虑到本研究的目的,我们不会处理在宗教思想形式与社会政治思想形式之间建立连续性的问题。但是,如果这种努力是为了使世界技术和人类技术更接近的话,那么这确实是必须做的。

现在,如果人类技术不能发挥其元素分析的功能,并通过经验程序(由简单的唯名论中发展出来的统计概念主义的转译)来应对所有的情况,那是因为它们接受将自己与真实的对象、元素、个体或组合分离。

没有真正的技术是与人类世界分离的。人类世界的技术必须有技术物的支持，而不只是纯粹出于心理，否则不能成为程序。换句话说，通过扩大技术组合在自然界和人类世界的参与，我们可以利用这一自然和人类的组合作用在人类世界上：技术思想只有通过这自然世界和人类世界之间的中介，才能对人类世界起作用。人类现实只有当已经介入了技术关系时才能成为技术的对象。只有技术现实的技术才有合法性。技术思想必须通过成为一种技术学（technologie）来发展人与世界的关系点的网络，也就是说，是一种负责处理这些关系点的二阶（second degré）技术。但是，不能将技术思想应用到非技术现实中，例如所谓的自然和自发的人类世界：技术只能在已经是技术性的现实上发展。反思性思想应促进技术发展，但不应试图将技术图式和程序应用于技术现实领域之外。

换句话说，并不是人类现实，特别是人类现实中可以改变的东西，即文化（它是相继的世代的中介、同时代的人类群体的中介以及相继或同时的个体之间的活跃中介），必须被纳入技术中，就好像劳动需要物质一样。文化，被视为有生命的整体，必须通过了解技术组合的本质将后者吸收，以便能够根据这些技术组合来规范人类的生活。文化必须高于一切技术，但它必须将真正的技术图式的知识和直觉纳入其内容。人通过文化来调节自己与世界的关系以及人与自己的关系，但是，如果文化没有融合技术学，它将成为一个模糊的领域，无法将其规范性导入人与世界的耦合。因为，在人与世界的这种耦合（即技术组合的耦合）中，存在活动和调节的图式，只有通过由反身但直接的研究所定义的概念，这些图式才能被清楚地思考。文化必须与技术同时代，必须进行改革并逐步修正其内容。如果文化只是传统的话，那么它是有问题的，因为它隐含地和自然地包含了某一特定时代的技术规范性，并且将这种规范性错误地带入了它无法适用的世界。因此，基于实用性的规范概念（包括增值和贬值），将技术现实简化为器具是一种文化偏见。但是，这种工具和实用性的概念不足以说明技术组合在人类世界中的实际作用。因此,它不能拥有有效的调节。

如果没有通过对技术现实的充分表述来进行文化调节,人与世界的耦合就会以孤立的、非整合的、失范的(anomique)方式发展。相反地,这种不受技术现实规范的发展笼罩着人类,它至少在表面上证明了文化对技术隐含着的不信任。在人类圈子里发展出一种自我辩护的文化,它虽然提倡了某种技术,但是一般的文化抑制了所有技术,而非对它们进行规范。

现在,在哲学上和概念上对技术现实的认识,对于建立能够整合技术的文化内容是必要的,但这还不够。没有任何证据可以证明概念可以充分了解技术现实。概念认知可以很好地描绘和涵盖分散的技术物层面上的技术现实,并根据结构和用途对这些技术物进行分类。但是概念认知很难作为技术组合的认知。要获得这些认知,人类必须身处其中,因为这是他必须经历的一种存在模式。工具、仪器、孤立的机器可以被一个与其分离的主体所**察觉**到。但是技术组合只能凭直觉来把握,因为它不能被视为人类可以支配的、独立的、抽象的、可操纵的对象。它对应于对存在和处境的经历,通过相互作用与主体相联系。

就像过去人们认为旅行是一种理解文化的方法,因为旅行使人身处其境,同样,我们也应该有责任身处其境去体会技术组合,并视之为一种文化价值。严格来说,每个人都应在技术组合中有一定的参与,有责任和明确的任务,并与普遍技术的网络相关联。另外,就好像旅行者必须与多个当地人碰面来体验他们的习俗一样,个体对技术组合的体验不能局限于单一种类。

但是,必须将这种经历理解为对每种技术和技术组合的体验,而不是参与每种技术中人的状况的努力。因为每种技术都有相应的技术人员、非技术人员、工人、管理人员,而严格意义上的社会条件在不同的技术中的每个层面都可能是类比的。必须体验的是技术网络中的特殊处境,该处境将人置于一系列行动和过程,在其中人并非单独的指挥者,而是参与者。

哲学家在角色上与艺术家媲美，他可以通过对技术组合的反思和表达来帮助理解技术组合中的处境。但是，像艺术家一样，他需要在他者之中引发一种直觉，因为要唤醒一种感知性来掌握真实体验的意义。

但是，我们必须指出，艺术作为一种表达手段以及对技术组合的文化意识的掌握是有限的。艺术通过感知（αἴσθησις），因此自然倾向于掌握对象、工具、仪器、机器；但是，真正的技术性，即可以整合到文化中的技术性，并不显露。所有彩色的、有气息的珍贵的照片，所有噪音、声音和图像的记录，都是对技术现实的利用，而不是对这种现实的揭示。我们必须理解技术现实，甚至必须通过参与它的行动图式来了解它。只有在这种真正的直觉和参与的介入下，而且不视之为简单的景观，审美印象才会出现：任何技术景观如果尚未整合到技术组合中，会显得幼稚和不完整。

但是，技术参与的直觉并不与宗教思想和政治社会思想的力量和特质相对立。政治和社会思想相对于宗教思想是连续的，因为严格来说它并非现存以及已经实现的整体（整体就是它自身，它是绝对的，并不能化为行动），而是现存结构下更大组合的基底以及这种宣布新结构的有效性。在政治社会思想中表达的是整体相对于部分的关系，虚拟整体相对于现实部分的关系。它表达相对的整体功能，而宗教则表达绝对的整体功能，不是虚拟的整体功能，是实现的整体功能。现在，融入技术组合的直觉与政治社会直觉之间可能存在着互补关系，因为技术直觉表达了历史结果和生活条件，即**此时此地**，然而政治社会直觉是对未来的投射，是潜力的积极表达。政治社会思想是倾向和力量的表达，它超出了当前任何既定的结构。与技术组合相关的直觉表达人类做了什么，什么被完成了，以及什么因此被结构化了。所以，只要图形现实存在于被实现的系统中，而背景力量饱含潜力并保存未来，那么图形力量就可继续投放在技术，而背景力量则在政治和社会思想中。客体化的技术元素和普遍的宗教思想之间的关系本是不可能的，但当它处于作为现实性的表达的技术组合以及作为虚拟性的表达的政治和社会思想中时，这种关系变得可能。通过真正的生成，现实和虚拟之间就具有兼容性，而且具有意义。哲学思想抓住了现实与虚拟之间的关联，并通过建立这种关系的连贯性来维持它。

这正是生成的意义、技术促使自然世界和人类世界生成的能力，它使元素直觉和组合直觉相兼容。技术直觉在组合的层面上，表达了作为基础和结果的生成。政治和社会直觉是将倾向、虚拟性的表达和生成的力量置入同一现实中。在依附工具的技术思想和普遍化的宗教思想的水平上，这两种类型的思想不可能直接相遇，因为生成的中介是不可能的。每种工具，以及工具的每项单独的、可操控的技术都具有稳定性和确定性。普遍化的宗教思想因为追求永恒不变的背景，使自己变得稳定而明确。相反，将技术性引入包括了人作为组织者或元素的组合中，会促使技术不断进化。在同样的条件和时间，人类群体的这种不断进化的特征变得有意识，而这种意识遂产生了政治和社会思想。组合的技术思想和政治社会思想都是来自生成，一个表达了作为基础的过去，另一个表达了作为目标的未来，两者因为它们的起源条件以及它们在世界中的置入点而结合。

因此，从技术和政治社会结构的不断变化的角度来看，技术思想和政治社会思想可以重合。引导了工匠的思想的元素技术性，与技术的最初发展处于同一时代的普世宗教性，这两者可以作为技术组合的生成思想和整体性的生成思想的范式。如果没有元素的技术性和普遍的宗教性的规范，生成中的组合的技术思想和进化中的共同体的政治社会思想将失去它们相互的张力。技术组合的思想必须受到技术元素的思想的启发，人类世界的生成必须受到整体功能的启发，以便这两种必须类比地相遇但不相互混淆的思想形式保持各自的自主性，并且不要相互奴役。因为来自世界的原始关系的思想的功能性整体，必须通过原始相移所造成的真正的两极性来维持。文化是由这种两极性主导的；它在技术思想和宗教思想之间展开。文化将生成中的组合的技术性的经验理解（compréhension vécue），与政治和社会思想中所表述的人类群体的经验理解联系起来。

过去，也就是说技术思想和宗教思想的第一种形式（在魔术思想的第一次分裂的水平上），以及处于第一次分裂的中性点的审美活动，都必须作为文化内容保留下来，也就是说，它是为当前思想提供规范的基础，但必须保留的也只是其中的文化内容。如果想要以元素、工具、仪器的技术性来代替当前组合的技术性，那是错误的。因为技术性，在当前的现实中，不再是在元素的层面上，而是在组合的层面上。今天，组合是技术性的保存者，而过去的保存者是分散的元素。思想必须重新回到过去，从对元素的技术性的了解开始，以真实地掌握组合的技术性；思想必须从文化到现在以便真实地理解现在。同样，宗教思想是对整体意识的持续的提醒，文化必须在普遍化的宗教思想中找到政治社会思想的根源，从文化到虚拟，以把握和促进政治社会思想的价值中的虚拟性。

然而，技术中的非文化在于每种确定的技术的独特性（unicité），它倾向于强加自己的标准、图式和自己的特定词汇。技术真正的本质是文化的，而要从本质上把握技术的话，就必须以多元性来表现以及体验它们。这种多元性是技术条件的一部分，包括了各种元素。相反，宗教思想本身必须被视为无条件的单元性。与文化相反，宗教反对可能的多元性，因为它意味着不同宗教传统的对立。然而，由于宗教是传统，必然是根深蒂固的，因此文化必须创造一个上层建筑，以促使不同的宗教作为宗教获得统一。这是普世主义的意义，也是将宗教融入文化的条件，是宗教在文化意义上取得成果的条件。也许不能肯定真的存在着开放宗教，也不能确定封闭宗教与开放宗教之间的对立是否像柏格森所定义的那样清晰。但是宗教的开放性是不同宗教所共有的功能，每种宗教在某种程度上都是自身封闭的。

在远古时代建立普世主义（œcuménisme）是困难的，因为它只能通过寻求建立文化的反思性思想来完成。它在本质上就是哲学工作。它需要认识到宗教的深层意义,这只能通过将宗教重置于从原始魔术开始的思想的生成中来实现。到现在为止,有限的普世主义(在基督教内部)已经出现,但是为了使宗教现实融入文化,哲学反思必须发展出一种普遍的普世主义(œcuménisme universel)。

技术的制度化与普世主义具有相同的意义。但是它的目的是通过词汇和常见观念的标准化(normalisation),避免使用上(而不是基于元素的本质)所导致的专门化术语的错误特殊性,来掌握技术物真正的元素特殊性。技术学(technologie)以技术物的多元性,即原始技术性的保存者,作为技术组合的建构基础。普世主义则以宗教思想普遍化的单元性,即原始整体功能的保存者,作为政治和社会思想的基础。技术实现了从多元性到单元性的转换,而普世主义首先抓住了单元性,实现或促成一种可能的转换来达到政治社会思想的多元性。有意识地把握多元性的功能和单元性的功能必须作为基础,以使由网络化结构所实现的多元性和优越的单元性,在思想生成的中性点上的相遇变得可能。

但是,要使哲学可以将技术的意义整合到文化中,但仅仅将技术应用于哲学本身以外的文化,就好像要它负责完成一项有限的任务,这是远远不够的。由于思想的反身性,所有的哲学活动也是对认知模式的一种改革,它在知识论内部产生了影响。现在,对技术性的发生论的认识必须使哲学思想以新的方式提出关于概念、直觉和理念(idée)之间的问题,并相应地纠正唯名论和实在论。

仅仅说技术操作提供了本质上的归纳性思维的范例,而宗教的沉思提供了演绎性理论思维的模式,这还不够。这种双重范式不限于科学。它通过提供给哲学反思可用的以及可转移(给其他的领域)的认知模式,而延伸到哲学反思。此外,技术操作和宗教沉思为任何后来的认知提供了隐含的公理。确实存在着一种将知识模式(通过概念、直觉或理念)与隐含公理联系在一起的连接。这种隐含的公理是由有待认识的现实和认识主体之间存在的关系构成的,也就是说,由有待认知的现实的先决状态构成。的确,技术思想提供了元素性的分析模型,以逐一元素或组合的方式来理解内部的相互关系。我们要认识的真实是在认知的最后,而不是从一开始就全部给予。它由元素组成,因为人们理解它为元素的组合,这个现实本质上是物。相反,宗教思想是演绎思想的范式,它的整体功能一开始就被认为具有无条件的价值,只能由思想主体来解释,但不能由它建构和产生。宗教思想为对存在的沉思和尊重提供了模式,虽然存在永远无法完全在认知中呈现,但可以得知它的一些表征。相对于存在,知识及接受它的主体仍然是不完整和低等的。事实上,存在才是真正的主体以及唯一完整之主体。

认知主体只是第二主体,它参照并参与第一主体。认知被认为是存在的不完美替身,因为认知的主体不是真正的主体。这种认知的沉思模式是哲学中理念现实主义(réalisme idéaliste)的基础。艾多思(εἶδος)是一种存在的观点,一种存在的结构,它先于思考。艾多思不是从一开始就是主要的认知的工具;它首先是一种存在的结构。因为灵魂与思想之间的亲近,艾多思成为了灵魂的代表,但这只是次等的方式和参与。知识不是由主体形成及建构的。没有知识的发生论,而只有通过精神来发现真实。知识是对存在的模仿,因为存在的主体是其自身,这先于人类这种次要的主体对它的意识。我们可以采用柏拉图关于认知的理论来作为这种形而上学的公理的例子。善是绝对的和首要的主体;它构成理念(idées)的多元性。在当中,由于理念之间的区分,理念只能代表自身,而非其他理念。善是作为主体的整体功能的形而上学翻译,它先于并优于明确的知识,并保证了后者的可理解性和有效性。从某种意义上讲,所有知识都是关于善的知识,但并非在其本身和直接的,而是间接和反思性的,因为使理念作为存在的知识的是存在的整体,是绝对主体,所有朝向它的特殊的知识都是向上攀爬的运动。人的知识与存有论路径走相反的方向,后者由善通过理念走向客体,前者从客体走向理念,而根据类比关系,客体只是善的客体及理念。

相反,操作性知识则有建构客体的可能性。它支配着客体并使其出现,并从可操纵的元素来控制它的表述(représentation)的发生(genèse),就像工匠以连贯的方式组装部件来建造他跟前之物。概念是一种操作性的知识的工具,它本身是收集性操作的结果,涉及的是从**此时此地**的特殊性的经验出发的抽象化和普遍化的过程。知识的来源就在**此时此地**,而不是存在于无条件中以及先于人类所有姿势的总体性之中。事实上,它支配着人类姿势,这些姿势在出现和执行之前已被它所制约。对于沉思性知识来说,真实是一个绝对主体,而对于操作性知识来说,它始终是对象。对象的词义是"被摆放在跟前之物",就像一块木头放在工作台上,等待着被加入正在构建的组合。对于操作性知识而言,真实并不在知识的操作之前。真实跟随它。即使根据当前经验,真实似乎先于知识,但根据真实的认知,它其实跟随在后,因为这种知识对真实的掌握其实是通过对元素的操纵而重构了真实。

但是,这两种知识模式之间的对立很重要,因为哲学流派的继承表明,存在着两种思想潮流,它们很难联合起来,我们可以称之为后验主义(aposteriorisme)和先验主义(apriorisme)。后验主义是经验主义式和概念主义式的,部分是唯名论的(因为知识通过抽象化而获得,远离了它的来源),它将知识定义为使用概念的操作;相反,先验主义是演绎主义式、观念论式和现实论式的[除了非宇宙论(acosmiste)],它通过理念掌握真实以定义认知。

但是,如果这两种基本形而上学公理之间的对立和不兼容的根源是存在于世界的原始模式的分裂(技术和宗教),那么就必须肯定哲学知识不能满足于通过概念或观念,甚至通过这两种知识模式以先后次序的结合来掌握存在。哲学知识作为一种聚合的功能,它必须追求一种知识的中介性和高级的模式,将概念和理念结合在一起。但是,将直觉与理念相提并论并不完全准确。凭直觉获得的知识是对存在的掌握,它既不是先验的也不是后验的,它与其把握的存在是同时的,并且处于同一水平。它不是通过理念获得的知识,因为直觉尚未被包含在已知的存在的结构中。它并不是这一存在的一部分。它不是一个概念，因为它具有内部的一体性，此一体性赋予其自主性和独特性，而非仅仅是由累积产生。最后，通过直觉获得的知识确实在某种意义上是中介的，因为它不像理念一样将存在作为绝对整体来把握，也不像概念一样从元素开始通过不同组合来把握，而是在各领域结构化的组合的水平上。直觉既不是感性的也不是理性的；它是已知的存在的生成与主体的生成之间的类比，是两种生成的耦合：直觉不仅像概念一样，即对图形现实的掌握，也不像理念一样，后者指向了真实一体性的背景整体。直觉面向的是真实，而后者形成了包含发生过程的系统。它是发生过程的知识。柏格森视直觉为了解生成的恰当方式。但是我们可以一般化柏格森的方法，而不需限制直觉能够触及的领域，例如物质，因为他似乎没有处理好直觉理解本质上的动态特征。事实上，直觉可以应用于发生过程的任何领域，因为它遵循存在的发生，在一体性的水平把握每个存在，而不必将其分解为诸如概念性知识之类的元素，以一个更大的整体性背景来将它相对化时也不会破坏它的同一性。概念在其技术性质上保留了掌握图形现实的根本的能力。相反，理念特别倾向于背景现实的知识。直觉的参与是中介性的，它思考不同组合中的结构发生过程，也就是说，图形与背景之间的发生过程。因此，直觉是哲学知识的程序，因为直觉让思想得以把握存在的本质，即其发生式生成的公式，并保持在此生成中的中性点位置，以确保聚合的功能。

对于直觉来说，一体性的水平并不是整体（如以理念获得的知识），也不是元素（如以概念获得的知识）。这样，哲学思想重新发现了与存在的关系，先是原始魔术，继之是审美活动。已知的存在，即世界，既不是源初的客体，也非源初的主体。当它服从于操作性思想的时候，它被视为客体，就好像在机械论科学知识中一样。当它引发了沉思性知识时，它被视为主体，就好像斯多葛派的宇宙一样。但是客体的观念的起源仍然是技术的，就好像主体的起源是宗教的一样。任何一个都不能完全适用于世界或人类，因为除非将它们放在一起，否则它们不会构成完整的整体。实际上，就算我们知道客体的概念和主体的概念，以及起源，它们仍然是哲学思想必须超越的局限。哲学思想必须根据直觉将分别根据客体和主体的知识聚合到中介性知识中，即在中性点上。因此，只有在穷尽概念性知识以及理念性知识的可能性之后，也就是说在获得对真实的技术意识和宗教意识之后，哲学思想才能成形。哲学是在技术性建构和宗教性体验之后产生的，它被定义为介乎两者之间的直觉能力。因此，技术和宗教是产生对真实的哲学直觉的两个指导性极点。

在哲学思想中，技术与宗教的关系不是辩证的。因为技术和宗教是世界的原始模式的两个对立而又相互补充的方面，这两个极点必须在其形成的耦合中保持结合。它们是同时的。仅接受来自单一周相的思想的单模态的特征，哲学问题将无法被阐明。对现实的审美观不能满足哲学研究，因为它仅适用于某些既定的领域，在这些领域中，图形现实与背景现实的耦合是可能的，而无需进一步阐述。审美思想不是直接活动的。它不会影响它所出发的现实，仅限于通过分离来发挥它的作用。它折射了现实的各个方面，但不反映它们。相反，哲学思想比审美活动走得更远，因为从发生式生成出发，它就将自己重新置入其中来实现它。直觉与真实的关系同时是理论性与实践性的。它认出真实并作用在它身上，因为当真实生成时，直觉就把握了它。哲学思想也是一种哲学姿势，它要置入存在领域的图形-背景的网络结构中。在多元性和整体性之间的中间性质的水平上，即存在领域的网状多样性，哲学作为结构化的力量以及创造解决问题的结构的能力参与进来。

直觉在真正的一体性中发现了图形和背景的面向；因为元素和整体不是存在的具体组合，存在的一体性是活动的中心点，也是图形和背景（也就是说一方面是元素，另一方面是整体）通过分裂而存在的出发点。直觉认出并实现了存在的一体性，即元素与整体的结合。直觉本身是图形与背景的关系。它并不像理念一样，与其把握的存在是共自然的(connaturelle),因为这种共自然性只能把握背景,而背景并非存在的全部。它也不像概念一样抽象,放弃了存在的具体性而仅保留了有限的图形。直觉因为把握图形与背景的原始关系,所以与存在类比。作为知识,它不能承认纯粹的实在论或纯粹的唯名论,而是两种思考知识范围的方式的稳定结合。直觉不等同于存在,它不是来自作为真实理念的存在,但是它与存在类比,因为它与存在有同样的构成方式,同样的生成方式,即图形与背景的关系的生成。它在存在物中发现了完整的存在,而魔术思想正是此完整存在的预感(pressentiment),先于技术和宗教的出现。因此,根据思想的生成,我们可以说直觉有三种类型:魔术直觉,审美直觉和哲学直觉。审美直觉与魔术思想的分裂(为技术与宗教)是同时代的,它并没有对思想的两个对立周相进行真正的综合。它仅表示需要某种关系,并且在有限的领域内以暗示的方式完成它。相反,哲学思想必须真正完成综合,它必须建立与所有技术思想和所有宗教思想的结果同外延(coextensive)的文化。因此,审美思想是文化的典范,但它并不是文化本身。它是文化的公告(annonce),也是文化的要求。因为文化必须真正将所有技术思想与所有宗教思想结合起来,而这必须由哲学直觉来完成,找到它们在概念和理念之间所操作的耦合的源头。审美活动填补了技术与宗教之间的间距,而哲学思想则捕捉并翻译了这一间距的意义。哲学思想分歧看到了这一间距的积极意义,它不是静态的自由领域,而是两种思想模式的分歧所界定的方向。如果说审美思想受制于生成,那么哲学思想的出现则是循着分离的生成以使其重新聚合。

因此,技术物的技术性可以存在于两个不同的水平上:当魔术思想不再具有重要的功能意义时出现的原创和原始的技术物,如工具和仪器,是技术性的真正保存者。但只有当操作者将它们制造出来时,它们才是真正的物。操作者的姿势也是技术现实的一部分,那是一个活生生的人,他将其感知能力、开发和发明的功能应用到技术任务。真正的一体性是任务的一体性,而不只是工具的一体性,但是任务不能被客体化,只能被经历、感受、完成,严格来说不能被反思(réfléchie)。在第二层次,技术物是技术组合的一部分。因此,无论是在第一层还是第二层,即使在其被建造之后,我们也不能将技术物视为绝对的、独立存在的现实。只有将其整合到操作者的活动或技术组合的功能中时,才能了解其技术性。因此,试图从一种类似于我们对自然物所进行的归纳法来理解物的技术性是不合理的。技术物自身永远都不包含全部的技术性,要么是因为它只是一种工具,要么是因为它只是组合的一部分。我们必须通过哲学思想来理解技术物,也就是说,通过一种这样的思想,它所具有的直觉能把握人与世界之间的关系模式的生成。

这一发生论方法的使用通过参考工艺操作或技术组合的技术性(而不是从技术物的属性出发)来定义技术物。尽管如此,技术物的发生过程的功能特征和条件,可以通过技术物的某种特殊类型的生成来翻译,我们在前面称之为技术物的具体化。通过对一定数量的技术物的研究,我们可以直接理解此具体化的过程。但是,这种具体化的意义,内在于并不完全承载技术性之物中,只能通过哲学思想追溯人与世界之间的技术模式与非技术模式的发生过程来理解。在本研究中使用的发生论方法首先应用于技术物,然后应用于对技术思想在思想的整体中的位置和角色的研究。①

---

① 编:1958 年的校样中增加的句子。

结　论

直到今天，技术物的现实已经成为人类劳动现实的背景。人类通过劳动来掌握技术物，视其为工具、辅助物或劳动产品。然而，我们必须能够进行逆转（这样也有利于人类自身），让技术物中人的部分直接出现，而无需通过劳动来呈现。我们应该视劳动为技术性的阶段，而不是把技术性当成劳动的阶段，因为技术性是总体，而劳动只是其中一部分。

自然主义者对劳动的定义是不足的；也就是说，劳动是人类社会对自然的剥削，这是将劳动带回到一种人类作为物种对自然的有计划的反应，人类适应自然，而自然也限制了人类。这不在于要知道这种自然-人之间的关系的决定论是单向还是双向的；双向或互惠的假设并没有改变基本图式，即条件的图式和劳动的反应。事实上是劳动将意义赋予了技术物，而不是技术物赋予劳动其意义。

从这个观点出发，劳动可被视为技术操作的一个面向，而后者则不能简化为劳动。只有当人类必须把自己的生命体作为工具的载体时劳动才出现，就是说，当人类必须通过他的生物活动和他的身心整体的活动，让人与自然关系逐步地展开时。人类通过劳动实现了自身（作为物种）和自然之间的调解；我们说在这种情况下，人像是工具的载体，因为在这个活动中，他作用在自然之上，一步一步来执行这个行动。只有当人类不能将物种与自然的调解功能委托给技术物，而必须通过他的身体、思想、行为来承担这个功能时，劳动就出现了。然后，人们借助自己的生物个体性来组织这个过程；正是在这一点上，他是工具的载体。另一方面，当技术物已具体化时，自然和人类的混合性的构成就落在技术物层面上。操作技术物不完全与劳动相等。事实上，在劳动中，人类参与到一种非人类的现实，这种现实处于自然现实和人类意向之间；人在劳动中根据形式来塑造物质；他带着这种形式，一种由结果引导的意向，一种对于需求的预定。这种形式-意向不是来自劳动的物质对象。对人类来说，它表达了一种效用或必要性，但它并非来自自然。劳动连接了自然物质和人工形式；劳动成功地使两个不同的现实，即物质和形式，产生协同作用。现在，劳动活动让人类意识到他综合在一起的两种现实，因为劳动者或工人必须把眼睛固定在这两者并将它们结合在一起（这是劳动的规范），而不是留意这一操作的复杂的内部活动。因此，劳动遮掩了两者的关系。

此外，工人的奴役状态使结合物质和形式的操作变得更加模糊。指挥工作的人只关注要根据既定的程序来处理内容以及必要的原材料，而不是容许形式得以实现的操作本身：他留意的是形式和物质，而不是作为操作过程中的塑形（prise de forme）。因此，形式和物质结合在一起的图式（schéma）当中，概念清晰但关系模糊。形质论的图式在这个特殊的情况下，代表着将技术操作简化为劳动在哲学思想的转化，并被视为存在物生成的普遍范式。这种范式的基础确实是一种技术经验，但是一种非常不完整的技术经验。哲学对形质论普遍性的接纳产生了一种模糊性，这是源自形质论图式技术基础的不足。

事实上，仅仅与工人或奴隶进入车间，甚至动手操作模具是不够的。劳动者的视觉对于形式获得（或塑形）仍然是太外在的，而后者就是技术本身。我们有必要能够和黏土一起进入模具，同时成为模具和黏土，感受它们的共同操作过程才能够思考获得形式的过程。劳动者制定准备技术操作的两个技术半链(demi-chaînes)：他准备可塑、无硬块、无气泡的黏土，以及相对应的模具。他制作木模来将形式物质化，并确保它柔韧、足以赋形(informable)；然后他将黏土放入模具中并按压。然而，塑形的条件是由模具和被压实的黏土构成的**系统**。是黏土根据模具而成形，而不是工人赋予它形状。劳动者为调解做准备，但并非由他完成。调解是在条件创造之后自我完成的。因此，虽然人非常接近这个操作或过程，但他并不认识到这一点。他的身体敦促他完成，容许他完成，但技术操作在劳动中并没有得到表述。一些必要的东西缺席了，技术运作的核心依然隐蔽。当人类在没有使用技术物的情况下进行工作时，技术知识只有通过专门的习惯和姿势才能以隐含和实践的形式传达：实际上，这种运动知识正容许了两条半链的进行，一条从形式开始，另一条从物质开始。但它不会也不能再进一步，它在操作跟前止步：它不会渗透进入模具中。实质上，它是前技术的，而不是技术的。

相反，技术知识是基于模具内发生的事情，从这个中心来发现可以准备它的不同制作方式。当人不再作为工具的携带者介入时，他只能将操作中心留到暗处。事实上，这个中心必须由技术物来产生，而后者不思考，无法感受，也不会染上习惯。为了生产具功能性的技术物，人们需要想象与技术操作相符的功能。技术物的功能与技术操作处于现实的同一层面，以及同一因果系统，技术操作的准备与操作的功能不再存在异质性。这一操作延长了技术的功能，就好像功能预期了操作：操作是功能和功能是操作。我们不能谈论一台机器的劳动，而只能谈论它的功能，后者是一套有序的操作。形式和物质，如果仍然存在的话，则处于同一水平，属于同一系统。在技术与自然之间存在着连续性。

技术物的制作不再局限于形式和物质之间的这个模糊的区域。前技术(prétechnique)的知识也是前逻辑(prélogique)的，在某种意义上，它构成一对术语，但是遮掩了关系的内在性(如形质论图式)。相反，技术知识是逻辑性的，在某种意义上，它寻求关系的内在性。

但是,非常重要的是,源自劳动关系的范式和源自技术操作、技术知识的范式之间存在很大的差异。形质论图式是我们文化内容的一部分;它是由古代传下来的,我们很多时候都认为这种模式是完全有根据的,它并不受限于特定的经验,或者是被粗暴地一般化,而是与普遍性现实共延(coextensif)。我们必须视塑形为一种特殊的技术操作,而不是将所有的技术操作视为塑形的特殊情况,后者通过劳动被模糊地认识到。

在这个意义上,研究技术物的存在方式应该由其功能的结果和人类对技术物的态度来开始。因此,技术物的现象学将延伸到针对人与技术物之间关系的心理学。但是在这项研究中,我们应该避免两个陷阱,而避免它们的方法就是要认识技术操作的本质:技术活动不是纯社会领域的一部分,也不是纯精神领域的一部分。它是集体关系的模式,不能与之前两者的其中一个混淆;它不仅是集体的唯一模式和唯一内容,而且就是集体,在某些情况下,组合(groupe)围绕着技术活动而出现了。

我们这里理解的社会组合是因为动物要适应环境条件所组成的。而劳动是自然与作为物种的人类之间的调解。相反,在同一水平上,心理间(interpsychologique)关系将一个体置于另一个体之前,构成缺乏中介功能的双向关系。然而通过技术活动,人类创造了中介(médiation),这些中介与生产和思考它们的人类是可分离的。个体通过这些中介来表达自己,但不一定依附它们。机器具有一种非人格性,这容许它能够成为另一个人的工具。结晶在它身上的人类现实是可被异化的,正是因为它是可分离的。劳动依附工人,而相对地,通过劳动,工人依附他的劳动对象——自然。人类所构思和构建的技术物不仅仅是创造人与自然的中介,它也是人类和自然的稳定混合物,同时包含了人类和自然。它赋予其人类内容以一种与自然物相似的结构,并容许将这种人类现实的自然因果置入世界之中。人与自然之间的关系,并不只是被很模糊地经验和实践,它还具有稳定性和一致性,这使得它成为一个有其自身律法和秩序的现实。技术活动，通过建立技术物的世界，普遍化了人与自然之间的客体中介，将人与自然联系在一起，这一联系比起集体劳动所产生的具体反应的联系更加丰富和明确。通过技术的图式主义（schématisme technique）建立了自然之人类与人类之自然之间的可转换性。

技术活动，而非纯粹的经验主义，构建了一个结构化的世界，它揭示了人与自然之间的新处境（situation）。感知（perception）对应于自然界对人的直接质疑。科学通过技术宇宙提出了同样的问题。对于没有障碍的劳动，仅靠感觉（sensation）就足够了；感知则相应于劳动层面出现的问题。另一方面，只要技术有效，科学思想就不会出现。只有当技术失败时，科学才出现。科学对应于在技术层面上遇到的难题，后者在技术层面上找不到解决方案。技术介入感知与科学之间来改变水平（niveau），它提供了图式、表述、控制的方法，以及人与自然之间的中介。可分离的（détachable）技术物可以根据这个或那个组合与其他技术物结合：技术世界提供组合和连接的无限可用性（disponibilité）。因为它将在技术物中结晶化的人类现实解放出来。构建技术物是准备其可用性。工业组合并非唯一可以用技术物实现的组合：人们也可以实现非生产性的组合，目的是通过一连串有组织的调解将人与自然联系起来。技术世界作为可转换系统从中介入。

劳动的范式使我们将技术物视为功利性的。然而技术物在本质上并不具有功利性特征。它执行某一操作，根据既定的图式执行某项功能。但正是由于其可分离性，技术物可以被用作一系列因果链之间的链环，而不会受链环两端所发生的事情的影响。技术物可以被当作劳动的类比，但在生产中它也可以作为信息的传达而非仅仅是工具。象征着技术物的是它的功能而不是劳动：所以并没有两类技术物，一类服务于功利性的需求，另一类服务于知识。任何技术物都可以是科学的，反之亦然。相反，我们常说一个简化的仅用于教学的物件是科学的：但它远不如技术物完美。手工和智力之间的差异在技术物世界中并不适用。

因此，技术物提供了一个比劳动更广的范畴：操作性功能。这种操作性功能预设了发明作为它可能性的条件。然而发明并不是来自劳动，它并不预设由具备身体和心灵的人类在自然与人类之间所扮演的中介角色。发明不仅是适应性和防御性的反应，而且是一种精神（mentale）操作，一种与科学知识同等的精神功能。科学与技术发明之间水平对等。精神图式有利于发明和科学，也使技术物的使用在工业集合中具生产性，在实验设置中具科学性。所有技术活动中都存在着技术思想，而技术思想属于发明的范畴，它可以被交流，它也容许参与。

因此，在劳动的社会共同体之上，在不为操作活动所支持的个体间（interindividuelle）关系以外，存在着一个技术性的精神和实践的世界，在那里人类通过他们的发明来进行沟通。在本质上来说，技术物由人类主体所发明、思考、欲求以及接受，它成为某种关系的支持和象征，我们会称为**跨个体**（transindividuelle）关系。技术物可以被看作信息的载体。如果它只是被利用、使用，因此被奴役，它并不能携带任何信息，就好像一本书被用作垫子或者底座一样。如果我们根据技术物的本质来欣赏和认识它（也就是说根据创建它、赋予它功能性、通过其内部规范来决定其价值的人类发明），那么它带着一种纯信息。我们可以将纯信息称为非最终的信息，这种信息只有当接收信息的主体在自身产生一种与媒介所携带的形式相类比的形式时才能被理解。技术物中所为人知的是形式，是操作图式与解决问题的思想的物质性结晶。如果要理解这种形式，主体必须诉诸类比形式（formes analogues）：信息不是一个绝对的事件，而是由形式（一个是外在的，另一个是内在的）的关系所产生的意义。因此，如果技术物要被视为技术而不仅仅是工具，要被视为发明的结果以及信息的载体而不是器具，那么接收它的主体必须具有某些技术形式。通过技术物的中介，人际关系便出现了，它是**跨个**

体性的模范。这可以被理解为一种关系,它将个体联系在一起的方法,既不是通过将个体分离出来而构成的个体性,也不是通过人类主体的共性,例如感知性的先验形式,而是通过对前个体现实的、自然的承载(charge)。前个体现实被保存在个体中,包含潜能和虚拟性(virtualités)。经由技术发明出现的技术物残留着其生产者的某些东西,同时表达了这一不受此时此地限制的存在。我们可以说,在技术里有人的自然,而这里说的自然指的是人性中最原始的、最源初的东西。人的发明是将在其自身的自然的支持(support naturel)变成作品,此自然的支持是依附于每个个体的无限(ἄπειρον)。没有任何人类学可以从人类作为个体存在出发来解释跨个体的技术关系。劳动被认为是生产性的,是因为它是来自**此时此地**的被定位(localisé)的个体,但这样并不足以理解被发明出来的技术物。发明者不是个体,而是主体,它比个体更宽阔、更丰富,而且除了个体的个体性之外,它还具有一定的自然承载,也即是还没有被个体化的东西。功能性团结的社会群体,如劳动的共同体,只是将不同的个体聚集在一起。因此,它以一种必要的方式来定位和异化(aliène)个体,这甚至发生在马克思所描述的资本主义的经济模式之外:我们可以来定义一种前资本主义时期由劳动引起的异化。而且,对称地来说,心理的个体间关系也只能将被建构的个体连接在一起。不是像劳动那样的生理功能使他们连接,而是在某些有意识的、情感性和代表性的功能的水平上将他们联系起来,并且将他们异化。我们不能通过另一种异化,即心理分离(psychique détaché)来弥补劳动的异化:这解释了将心理学方法应用于劳动问题,并且企图通过精神功能来解决问题的弱点。然而,劳动问题是因劳动所造成的异化的问题,这种异化不仅仅是经济性的,即剩余价值的游戏。无论是马克思主义,还是反马克思主义(后者是通过人际关系研究劳动的心理学主义)都无法找到真正的解决办法,因为他们将异化的根源归咎于劳动以外的原因,然而劳动本身才是异化的来源。我们并不是说经济异化不存在,而是说,异化的首因还是在于劳动,马克思所描述的异化只是这种异化的其中一种模式：异化的概念值得一般化，以便确定异化的经济层面。根据这个学说，经济异化已经在上层建筑的水平上，这意味着有一个更为隐含的基础，它对个体在劳动中产生了根本性的异化。

如果这个假设是正确的，减少异化的真正方法不存在于社会领域（工人共同体和阶级），也不在于社会心理学所认为的个体关系的领域，而是在跨个体的集体的层面。技术物出现在一个这样的世界，里面的社会结构和心灵（psychiques）内容由劳动所形成：技术物因此进入了劳动世界，而不是创造一个拥有新结构的技术世界。机器是通过劳动而不是通过技术知识而被认识和使用。工人与机器之间的关系不足，因为工人在机器上操作时并没能延伸发明。劳动典型的**中心晦涩区域**（zone obscure centrale）被转移到机器的使用上：现在是机器的功能、机器的来源、机器运作的意义和它是如何被制造的才是晦涩区域。形质论图式的原始的中心隐晦被保持了下来：人们知道机器的输入和产出，但不懂它的运作；工人在场执行一个操作时，即使他为机器下达命令或为机器服务，他也没有真正地参加。命令仍然是在被命令的东西之外，命令触发了预先建立的组件，而该触发的因果早在技术物的结构图式中被预见了。工人的异化源自技术知识和使用条件之间的断裂。这种断裂是非常明显的，在许多现代化的工厂中，机器调节者的功能与机器使用着（也就是说工人）的功能非常不同，而且工人是被禁止调节自己的机器的。然而，调节活动是最自然地能够延长发明和建造的活动：调节是一种持续的但有限的发明。事实上，机器并不是在被制造之后就可以一劳永逸，而是需要改善、修理或调整。发明原初的技术图式或多或少在每个制成品中实现，因此每个制成品或多或少如预期般操作。调整和修理之所以可能和有效，并不是参考技术物的每个成品的物质性和特殊性，而是参考发明的技术图式。人所接收的不是技术思想的直接产品，而是基于技术思想以一定的精确度和完美度完成的制成品。这个制成品是技术思想的象征，是形式的承载者，它必须遭遇一个主体来延伸和完善技术思想的成就。使用者必须拥有某些形式，使得在这些技术形式与机器传达的形式(这些形式或多或少地在机器中完美地实现)的相遇中,会产生意义,而从这点出发,与技术物的互动将成为技术活动,而不是简单的劳动。技术活动不同于简单的劳动和异化的劳动,技术活动不仅涉及机器的使用,而且涉及对技术功能、维护、调整、改进的一定程度的关注,这延伸了发明和建造的活动。根本的异化在于技术物的存有发生(ontogenèse)与它的存在之间发生的断裂。技术物的发生(genèse)必须是其存在的一部分,人与技术物的关系包含了对技术物的持续发生的关注。

产生最多异化的技术物通常也是设计给无知的使用者的技术物。这样的技术物会逐渐退化:在短时间内是新的,但它们不再新的时候就贬值了,因为它们只会离最初的完善状态越来越远。精密零件的密封性(plombage,或不透明性)意味着制造者和使用者之间的断裂,前者是发明者,而后者只能通过经济手段来获得对技术物的使用。产品保修进一步具体化了制造者与使用者之间关系的纯经济性。使用者不以任何方式延长制造者的活动。使用者通过保修,购得了让制造商在有需要的情况下维修机器的权利。相反,在构建和使用之间不受这种分离影响的技术物不会随时间而退化;它们的设计使得构成它们的各种组件可以在使用期间不断地被更换和修理:维修与构建不分开,前者延伸后者,在某些情况下甚至成就它,例如磨合(rodage),它通过纠正运行期间的表面状态来延伸以及完成构建。当使用者因某些限制而不能磨合时,它必须由制造商在安装技术物之后进行磨合,飞机发动机就是如此。

因此,构建和使用之间断裂产生的异化不仅出现在机器使用者身上,同时后者也不能把他和机器的关系推到劳动以外。这种异化也以技术物贬值的形式,反映在机器使用的经济和文化条件以及机器的经济价值上,而当断裂越明显时贬值越快。

经济概念不足以解释劳动引起的异化。因此,劳动态度本身不适合技术思想和技术活动,因为劳动态度不包含接近于科学的明确的知识形式和模式,而这些知识容许对技术物的理解。为了减少异化,有必要在技术活动中重新引进一体性,即包括劳动、痛苦、身体的具体使用以及功能的相互作用等。劳动必须成为技术活动。但经济条件也放大并稳定了这种异化:技术物不属于在工业生活中使用它的人。此外,所有权关系非常抽象,至于说当工人拥有机器时,异化便会突然减少,这是很不足的。拥有机器并不表示理解它。但是,缺乏所有权也增加了工人和他劳动所使用的机器之间的距离,这使得关系更加脆弱、更加外在、更不稳定。有必要发现一种社会和经济模式,这里面技术物的使用者不仅是该机器的所有者,而且是选择和维护该机器的人。然而,工人和机器被放到一起,前者并没有选择后者。机器的引进是就业条件的一部分,它并入生产的经济社会层面。相反,机器经常被制造成绝对的技术物,它自我操作,但很少容许机器和人之间的信息交换。人类工程(human engineering)在寻找控制设备和控制信号的最佳安排方面走得并不够远。这是一个非常有用的研究,它是寻找机器和人之间耦合的真实条件的起点。但如果它着手的不是人机交流的基础,那么这样的研究可能仍然没有什么成效。为了交换信息,人必须拥有技术文化,也就是说,一套形式,当它们和机器带来的形式相遇时可以产生意义。机器仍然处于我们文明的其中一个晦涩的领域之中,包括在所有社会层面。这种异化同时存在于管理者和工人中。工业生活的核心正是技术活动,也因此一切都必须根据功能规范进行。如果问谁拥有机器,谁有权利使用新机器,谁有权拒绝这些机器,这是倒置了问题。资本和劳动力的类别与技术活动关系不大。工业领域的规范和法律基础既不是劳动,也不是财产,而是技术性。人与人之间的沟通必须在技术水平上通过技术活动进行,而不是通过劳动价值观或经济标准进行。社会条件和经济因素不是一致的,因为它们源自不同集合,它们只能在以技术为主的组织中找到调解。在这种技术组织的水平上,人与人之间的邂逅不是阶级成员的相遇,而是在技术物中被表达的存在的相遇,它与自身

的活动是同质的。这一水平是集体的水平，超越了既定的个体间性
（interindividuel）和社会性。

除了非常罕见和孤立的情况外，个体与技术物的关系不会变得充
分。只有在实现了这种集体的个体间现实时（我们称之为跨个体的现
实），这种关系才落地，因为它创造了多个主体的创造力和组织能力之
间的耦合。在非异化的技术物中，它的使用准则避免了它的异化，而在
这些纯技术物的存在以及跨个体化的关系的构成之间，存在着因果和
相互调节的关系。我们可能期望工业和企业在理事会之外还会有技术
委员会。如果要有效和有创造性，企业理事会本质上应该是技术性的。
企业内部信息渠道的组织必须遵循技术运作的路线，而不是与技术运
作无关的社会阶级或纯粹的人际关系。企业是技术物和人的集合，它
必须在其基本功能（就是说其技术功能）的基础上组织起来。正是在技
术活动的层次上，整个组织的组合都可以被视为技术性的运作单位，而
不是阶级对抗，即作为一个纯粹的社会群体，或者作为拥有自己心理的
个体组成的联盟，这使整个组织沦为心理间图式。技术世界是一个集
体的世界，如果我们仅从纯社会或纯心理的基础上来考虑它是不充分
的。如果认为技术活动在其结构中是无关紧要的，并且将在技术活动
过程中出现的社会群体或者人际关系视为至关重要，那么这并不是在
分析群体关系或者个体间关系的中心性质，即技术活动。将劳动视作
社会中心的观念，以及在管理和资本层面上与人类关系的心理主义
（psychologisme）的持续对抗，只说明了技术活动本身并没有被真正地
思考。如果认为只有通过社会学或经济学的概念才能理解它，将它当
成心理关系来研究，那么这并没有在它真正本质的水平上来把握它：资
本和劳动之间，在心理学主义与社会学主义之间仍保留模糊的区域。
在个人与社会之间发展了跨个体，它在目前尚未得到充分认识，而只能
通过劳动或者企业管理的两个极端层面来研究。

效率的标准，也就是说以效率来理解技术活动的意愿，同样不能解
决问题。就技术活动而言，效率是非常抽象的，不能让我们进入这一活

动来窥探其本质。多种非常不同的技术图式可以产生相同的效率。数字并不能表示图式。对效率的研究和改进手段的研究产生了技术领域的隐晦，就好像形质论所造成的一样。即使它在现有的结构中扮演着实践的角色，它也只会导致混乱的理论问题。

哲学思想可以阐明技术现实（作为社会和个人心理之间的中介），在伦理（déontologiques）问题的层面发挥作用。我们不能只根据人的实际需要来理解技术活动，也就是说把技术活动当成劳动的一个范畴。柏格森将技术活动与工匠人（*homo faber*）联系起来，并展示它与智力的关系。但是，这种把操纵固体当作技术性的基础的想法，阻碍了我们发现真正的技术性。柏格森从封闭和开放、静态和动态、劳动和幻想的轴心二元论出发。劳动将人与对固体的操纵联系在一起，而行动的必要性是抽象概念化的原则，是静态高于动态，空间高于时间的原则。因此，劳动被封闭在物质性中，与身体相连。柏格森认为科学也使用技术图式，如果这是真的，那么科学应被认为具有实用和务实的功能。在这个意义上，柏格森非常接近科学唯名论，并混合着一些实用主义，就好像我们在庞加莱（Poincaré）的思想中感受到的那样，然后还有勒罗伊（Le Roy），他影响了柏格森和庞加莱。我们可以问，这种对科学的实用主义和唯名主义的态度是不是源自对技术性的不准确的分析。为了能够肯定科学是针对真实（réel）和事物（chose）的，并没有必要证明它们与技术无关。因为劳动是实用的，但技术活动不是；劳动的姿态是由其直接效用引导的。但技术活动只有经过长时间的规划才能与真实接触。它是基于法则，而不是即兴的。要使技术图式有效，就需要按照真实自身的法则来到达真实。在这个意义上，技术是客观的，尽管它们具有多方面的实用性。实用主义是错的，其一是因为它粗暴地将科学带回到技术，然而事实是当技术在真实跟前失败时，或者彼此之间不协调时，科学知识才出现。其二是因为它以为将科学归为技术活动，就等于将科学归为纯粹的即兴的配方（recette improvisée）。最终，实用主义混淆了劳动和技术运作。

因此,对技术物存在模式的分析在这个意义上具有认识论意义。柏格森的想法将劳动和休闲对立,不实际地赋予了休闲以基本的知识论优势:这个对立重拾古代奴役和自由职业的对立,自由、无私的职业具有纯粹知识的价值,而奴役职业只有实用的价值。实用主义在重整价值级别的幌子下,将有用定义为真(vrai)。但它保留了实用规范与真理规范之间的对立,以便能在认知上推导出一种相对主义(而当这种态度被推到最严谨和最极端的时候,则是一种唯名论)。科学不是更真实的,而是比普通认知更有助于行动的。

相反,如果我们诉诸自然与人之间的真正中介,即技术和技术物的世界,我们就会得到一种不再是唯名论的认识论。也就是说,通过操作来获得知识,但是**操作**(opératoire)并不是**实践**(pratique)的代名词。技术操作不是任意的,不是顺从主体即兴的、偶然的使用的意愿。技术操作是一种纯粹的操作,它发挥了自然现实的真正的规律。人工的是自然被唤醒的,而不是虚假的或仿自然的。在古代实践知识和沉思知识的对立中,价值被赋予了后者,以及作为它条件的 σχολή(译注:意为休闲)。然而技术既不是劳动也不是 σχολή。哲学思想,因为来自传统,而且沿用了衍生自传统的图式,所以没有考虑到劳动与 σχολή 之间的中介现实。价值论的思考在两个层面上,反映了劳动与沉思之间的这种对立。**理论**和**实践**的观念仍然跟随这种对立。在这个意义上,我们可以认为,哲学思想所固有的二元论,因为对理论和实践的双重参照而产生的原则和态度的二元论,将会被技术活动的引进作为哲学思想反思的基础而深远地改变。柏格森通过赋予劳动作为操纵固体(因此也是操纵静态)的功能,颠覆了 σχολή 与劳动的对应关系;而古人则视劳动为堕落在生长(génération)与消亡(corruption)的世界(即生成)。相反,柏格森赋予了 σχολή 一种与绵延(durée)和运动相对应的力量,而古人则赋予了沉思以获得永恒的知识的能力。但柏格森的这种逆转并没有改变二元性和与劳动相对应的贬值,无论它是动态的还是静态的。似乎在将技术操作引入哲学思想作为反思的基础以及范式之前，行动与沉思、不变与运动之间的这种对立必须首先被抛弃。

技术词汇表

二位置继电器(*Basculeurs*)。包括两个平衡状态的组件。当两个平衡状态稳定时,继电器呈现无差异状态。如果具有稳定的平衡状态和不稳定的平衡状态,则称其为单稳态:在外部信号的影响下,它从稳定状态转变为不稳定或几乎稳定的状态。如果单稳态继电器在信号消失后立即自发回到稳定状态,则称其为单稳态继电器;相反,如果在信号消失后,几乎稳定的状态被延长了一段时间,其持续时间由电路的特性决定,则该组件被称为延迟单稳态继电器。

双稳态触发电路(Eccles-Jordan)构成无差异的二位置继电器。两个相同的三极管以如下的方式耦合:当一个导电时,另一个被阻塞(由于其控制栅极的显著负极化而不导电)。每个三极管的阳极电位的一部分被传输,通过电阻分压桥连接到另一个三极管的栅极。外部信号模糊地到达两个阳极,并通过电阻的分压桥和电容器传输到栅极。这些信号以负脉冲的形式对阻塞的三极管没有作用,但是会改变导电三极管的状态,从而改变组件的状态:先前的导电三极管变为非导电状态,而不导电三极管变成导电。

该电路通常用在计算器中,因为它接收到两个脉冲但只输出一个,从而可以驱动另一组的两个三极管。因此,它通过自己的物理机能实现了加法操作的模拟。通过构成一组双稳态触发电路链,我们可以基于二进制来建立计数标度。作为纯粹的形式,计数标度被用于脉冲计数器的输出,特别是在放射性测量中。集成到更复杂的组件中,它可以为二进制电子计算器提供基础。也可以制造机械摇臂:电子摇臂具有相当大的优势,即操作速度快(每秒状态变化 100 000 次)。

放大级(*Classe d'amplification*)。放大级由执行此功能的电子管的操作等级来定义;该类别对应于操作点在阳极电流特性上随控制栅极电压变化的位置;在 A 类中,工作点移动而没有离开特性曲线的直线部分;在 B 类中,电网受到负偏压,使得在电网上不存在可变电压的情况下,阳极电流保持为零;在 C 类中,网格受到更大的极化。在这些条件下,A 类中的平均信号不会明显改变平均阳极流量;但是,如果信号增加,则通过在阴极上插入电阻器将灯安装在自动偏振状态下,导致的偏振增加会降低灯的斜率,这会产生负面反应。

电解电容器(*Condensateur électrolytique*)。电容器由两个浸没在电解液中的电极组成,该电解液在电流的作用下被电解,在其中一个电极上沉积一层很薄的绝缘层。液体构成其中一个电枢,与被绝缘层覆盖的电极隔开,该绝缘层起电介质的作用。电容器本身会失去电介质,但经过一段时间的电流流动后会重新形成。由于绝缘层很薄,这种类型的电容器允许以相对较小的体积存储相当大的能量。但是它确实具有最大的工作电压(550 至 600 伏),并且具有比永久性干介质电容器(如云母或纸)更大的损耗。

转换器(*Convertisseur*)。由电动机和机械耦合的发电机组成的组件。与转换器不同,该开关仅使用一个转子,该转子除了机械耦合外,还在两个绕组之间形成磁耦合,从而防止了交流电转换为直流电,而转换器以较低的功率为代价,可以实现这种转换。

爆炸和爆燃(*Détonation et déflagration*)。爆炸是一种燃烧,它在爆鸣气的混合物中,在极短的时间内发生在同一时刻的所有体积点上。相反,爆燃是快速而渐进的燃烧,从一个点开始,然后以爆炸波的形式逐渐扩散到整个体积中,就像我们点燃一道燃烧粉末的一端一样。

爆炸通常由同时作用于所有气体分子的系统的整体状态(温度、压力)来决定,而爆燃必须在某个时间点开始。爆炸具有破坏作用。正是这样,人们试图通过撞击炸药来获得这种效果,撞击会在同一瞬间在炸药负载的全部质量中产生一种压力状态(导火线含有汞的富铝酸盐,但并不是为了点燃,而是压缩)。当炸药在某个点被点燃,就会爆燃而不会爆炸。在发动机中,必须在温度和压力的整体状态引起爆炸之前引起燃烧,这种现象称为爆震。

电磁(*Magnéto*)。由一个或多个固定磁体组成的复杂电机会产生一个磁场,在该磁场中,两个缠绕在铁芯上的绕组相互旋转。缠绕在粗线中的第一绕组像感应线圈的初级绕组一样,由一个受铁芯轴控制的外部开关使之短路。当通过磁芯的磁通变化最大时,即在初级绕组中电流最大时,此开关断开。由该断裂引起的初级绕组中强度的突然变化,在细而长的导线中的次级绕组中产生高电压尖峰,起到感应线圈的次级作用。由在特定火花塞上旋转的分配器分配的该高压脉冲,导致火花在火花塞电极之间爆裂。

因此,磁电机既可以同时产生低压能量以及初级线圈的高强度,例如交流发电机,也可以产生高压脉冲,例如鲁姆科夫(Ruhmkorff)线圈(脉冲变压器)。最后,控制开关的是轴的旋转,它引起初级电路中的电压变化。仍然是这种旋转驱动着分配器,在点火电路期间,又将高压尖峰发送到火花塞。除了其具体的性质外,磁电机还具有以下优点:转速越高,原子核中磁通量变化的速度越快,因此具有稳态效果:在高转速时的点火比低转速时的能量更高,这补偿了由于汽缸中混合燃料的搅拌而导致在这些高转速时正确点火的更大困难;相反,当使用电池和感应线圈点火时,由于初级绕组的自感现象,与初级绕组中电流的快速建立相反,初级绕组中的可用能量随着发动机转速的增加而减少。然而,由于其组件的多功能作用,磁电机在构造上不会受到影响。

磁致伸缩(*Magnétostriction*)。金属在磁场作用下的体积变化。铁和镍具有重要的磁致伸缩性能。如果磁场交变,则会导致机械振动。这种现象被用于制造适用于高频的机电转换器(超声波发生器);这在振荡器变压器中很麻烦,因为磁路板所产生的振动会与底盘相通并产生难以消减的声音。

居里点(*Point de Curie*)。在此温度下磁化不稳定:铁磁性物质突然变成顺磁性;铁的居里点接近 775 ℃。

张弛振荡器(*Relaxateur*)。自然的装配或组合是松弛现象的根源。松弛现象是一种反复非振荡的操作(有规律地重复无数次)。松弛状态是周期的结束,也就是说,系统在周期结束时的状态通过引发已定义的现象来触发周期的重新启动:因此存在从一个周期到下一周期的不连续性。当启动一个循环时,它会自行继续,但是要进行的每个循环都需要完成前一个循环。这就是间歇喷泉的工作方式:虹吸开始,导致一定量的液体流动;虹吸管将解除,直到水位达到一定高度后才重新开始。液压柱塞通过松弛来工作。相反,在振荡中,没有重新开始循环的关键阶段,而是能量的连续转换,例如将势能转换为摆的动能,或在有自感和电容的振荡电路中将静电能转换为电动能。振荡器具有正弦波操作模式,而松弛器则是"锯齿"形的。实际上,振荡器需要适当的振荡周期。松弛器只有一个周期,周期取决于明确定义的数量,例如,每个循环中流动的能量数;这些数量的任何变化都会导致周期时间的变化。相反,振荡的周期由组件本身的特性定义。振荡器和松弛器之间的混淆源于振荡维持系统对于类似于张弛器的功能的需求。因此,如果将三极管插入自感和电容电路中以维持振荡,则不再可能获得严格的正弦振荡;然后,必须在低水平的接近正弦波的振荡与高水平的显著偏离正弦波的振荡之间作出选择,这需要在振荡系统和维护系统之间建立牢固的耦合。随着这种耦合的增加,我们正朝着松弛器的特点发展,而频率对外部条件(尤其是每个循环中流动的能量)的依赖性会越来越大。不包括动能(惯性)的张弛振荡器非常容易调整;因此,可以通过改变控制栅极电压,确定重新开始循环的临界点来调整安装在电阻和电容系统中的晶闸管。相反,真正的振荡器不太容易调节和同步:如导频振荡器所示,它具有更高的自主性,维护电路与振荡电路的耦合较弱,并且输出电平较低。弹性体和压电体(如石英)都可提供出色的振荡电路。除振动叶片外,音叉还可以提供能够自我维持的振荡系统。

热虹吸管(*Thermo-siphon*)。一种用于加热或冷却的传热装置,它利用水在加热时膨胀并因此变轻的事实;当水变得更轻时,它上升到回路中的加热源的部位,而当水的密度变得更高时,它下降到回路中可以让它返回加热源的部位。冷热源之间的温差越大,循环越快:因此该系统是动态平衡的。然而,由于水的缓慢流动,与使用泵的设备相比,它需要更大的体积和较重的设备。

同步顶部(*Tops de synchronisation*)。简短的信号,允许循环设备由先导设备控制。当先导装置是正弦波振荡器时,预先从该振荡中提取相位确定的简短信号(例如,通过削波振荡电压)。法国电视标准将同步信号放在超黑区(infranoir),它低于阴极射线管电子束消光的电压,以便它们可以与图像调控以同一频率传递,而不会干扰后者:从一条线到下一条线或从一个图像到下一个图像,对应屏幕上的点完全消失。

参考书目

（该目录不包括已成为经典并已进入思想史的哲学著作，也不包括来自专业期刊的大量技术研究的著作，仅包括具有文献意义的技术研究，或信息论、控制论和技术哲学等著作。）

ASHBY，Grey WALTER，Mary A. B. BRAZIER，W. Russel BRAIN：*Perspectives Cybernétiques en Neurophysiologie*，P. U. F. ，1951.

Biologie et Cybernétique，Cahiers Laënnec，n° 2，1954，Lethiel-leux，Paris.

Georges CANGUILHEM：*La Connaissance de la Vie*，Hachette，Paris，1952.

COLOMBANI，LEHMANN，LOEB，POMMELET et F. H. RAYMOND：*Analyse*，*Synthèse*，*et position actuelle de la question des servomécanismes*，Société d'édition d'Enseignement supérieur，Paris，1949.

Communication theory（ouvrage collectif），Willis JACKSON，Butter-worths scientific publications，Londres，1953（compte-rendu du symposium sur les Applications de la théorie de la communication，à Londres，du 22 au 26 septembre 1952）.

Conference on cybernetics, Heinz von FOERSTER, Josiah MACY, Jr.
FOUNDATION:
Transactions of the Sixth Conference, 1949, New York, 1950;
Transactions of the Seventh Conference, 1950, New York, 1951;
Transactions of the Eighth Conference, 1951, New York, 1952;
Transactions of the Ninth Conférence, 1952, New York, 1953.

Louis COUFFIGNAL: *Les machines à calculer, leurs principes, leur
évolution*, Gauthier-Villars, Paris, 1933.

Louis COUFFIGNAL: *Les machines à penser*, Les éditions de Minuit,
Paris, 1952.

Maurice DAUMAS: *Les instruments scientifiques aux XVIIe et
XVIIIe siècles*, P. U. F. , 1953.

Hermann DIELS: *Antike Technik*, 6e édition, Reclam, Leipzig et
Berlin, 1924.

EUGEN DIESEL: *Das Phänomen der Technik*, 2e édition, Reclam,
Leipzig, 1939.

L'Encyclopédie et le Progrès des Sciences et des Techniques, Centre
International de Synthèse, Paris, P. U. F. , 1952.

Lucien CHRÉTIEN: *Les machines à calculer électroniques*, Chiron,
Paris, 1951.

Georges FRIEDMANN: *Le travail en miettes*, Gallimard, Paris,
1956.

E. GELLHORN: *Physiological foundations of Neurology and
Psychiatry*, The University of Minnesota Press, Minneapolis,
1953.

MÉNARD et SAUVAGEOT: *Le travail dans l'Antiquité;
agriculture, industrie*, Flammarion, Paris.

OMBREDANE et FAVERGE: *L'Analyse du travail*, P. U. F. , Paris,

1955.

Charles LE CŒUR: *Le Rite et l'Outil*, P. U. F. , 1939.

André LEROI-GOURHAN: *L'Homme et la Matière*, Albin Michel, Paris, 1943.

André LEROI-GOURHAN: *Milieu et Techniques*, Albin Michel, Paris, 1945.

Pierre de LATIL: *La pensée artificielle*, Gallimard, Paris, 1953.

PRIVAT-DESCHANEL: *Traité élémentaire de physique*, Hachette, Paris, 1869.

RÉUNIONS LOUIS DE BROGLIE: *La Cybernétique*, *Théorie du Signal et de l'information*, éditions de la revue d'Optique théorique et instrumentale, Paris, 1951.

Rolf STREHL: *Die Roboter sind unter uns*, Gerhard Stalling, Oldenbourg; traduction Cerveaux sans âme, les Robots, Self, Paris.

S. E. T. , *Structure et Évolution des Techniques*, revue publiée depuis 1948. Le numéro 39 – 40 (juillet 1954 – janvier 1955) est consacré à l'information.

SLINGO et BROOKER: *Electrical Engineering*, Longmans, Green and C°, New York, Bombay, 1900.

Manfred SCHRÖTER: *Philosophie der Technik*, Oldenbourg, Munich et Berlin, 1934.

The Complete book of Motor-cars, railways, ships and aeroplanes (ouvrage collectif), Odhams Press, Londres, 1949.

Andrée TÉTRY: *Les Outils chez les êtres vivants*, Gallimard, Paris, 1948.

D. G. TUCKER: *Modulators and Frequency Changers*, Macdonald, Londres, 1953.

Grey WALTER: *Le Cerveau vivant*, Delachaux et Niestlé, Neuchâtel,

1954. (Texte original en anglais, *The living Brain*, Duckworth, Londres.)

Norbert WIENER: *Cybernetics or Control ad Communication in the animal and the Machine*, Hermann, Paris; The Technology Press, Cambridge, Mass. ; John Wiley, New York, 1948.

Norbert WIENER: *Cybernetics and Society* (*The Human Use of Human Beings*); traduction française *Cybernétique et Société*, Deux-Rives, Paris, 1952.

RECUEIL DE PLANCHES *sur les Sciences, les Arts libéraux et les Arts méchaniques, avec leur explication* (ouvrage collectif), chez Brias- son, David, Le Breton et Durand, Paris, 1762; deuxième livrai- son en 1763. (Ces recueils accompagnent l'Encyclopédie de DIDEROT et D'ALEMBERT.)

RECUEIL DE PLANCHES DE L'ENCYCLOPÉDIE, chez Panckoucke, Paris, 1793.

DICTIONNAIRE DE L'INDUSTRIE *ou Collection raisonnée des procédés utiles dans les Sciences et dans les Arts*, par une Société de Gens de Lettres, nouvelle édition, chez Rémont, Paris, 1795.

ENCYCLOPÉDIE MODERNE, nouvelle édition, Firmin Didot, Paris, 1846.

LA GRANDE ENCYCLOPÉDIE, Lamirault et Cie, Paris.

Pierre-Maxime SCHUHL: *Machinisme et Philosophie*, P. U. F, Paris, 1946 - 1948.

Henri van LIER: *Le nouvel âge*, Casterman, Paris, 1962.

A. CHAPANIS, *Research technics in Human Engineering*, Baltimore, 1959.

概　要^①

这本书的标题是《论技术物的存在模式》,旨在将对技术物的充分认识以三个层面引入文化中:元素、个体、组合。在我们的文明中,人对技术物的态度与技术物真正本质之间存在着鸿沟。这种不充分和模糊的关系可见于买卖者、制造者、操作者,几近神话般的褒贬。为了以真实关系来代替这种不足的关系,有必要理解技术物的存在模式。

这种认识分为三个阶段。

第一阶段试图掌握技术物的发生论:技术物不应只被视为人工物,它的进化是一个具体化的过程。原始的技术物是功能分散和孤立的抽象系统,没有存在的共同的背景,没有相互因果关系,没有内部共鸣。完美的技术物是个性化的技术物,其中每个结构都是多功能的,复因决定的(surdéterminée)。每个结构不仅作为器官存在,而且作为身体、作为环境、作为其他结构的背景存在。在这个兼容性系统中,系统性的形成如同公理性的饱和,每个元素不仅在整体中履行单一功能,而且履行整体的功能。在具体化的技术物中存在一种信息冗余。

这种信息概念容许我们,根据技术性的保存原则,并且通过元素、个体和组合的相继发展来理解技术物的进化。技术物的真正进步是通

---

①　本书作者于 1958 年撰写的介绍。

过松弛而非连续性的图式实现的：在连续不断的进化的循环周期中，技术性以信息形式得以保存。

第二阶段是了解人与技术物之间的关系，一方面是在个体的层面上，另一方面是在组合的层面上。人们对技术物的使用是**少数的**（未成年）或**多数的**（成年的）。少数的模式适合于对工具和仪器的认识。它是原始的，但在技术性以工具或仪器的形式存在时，这是足够的。人成为工具的携带者，通过具体的学习，它来自人和在特定的环境中使用的技术物的本能共生（symbiose instinctive），源于直觉和隐性的、近乎先天的知识。多数模式意味着对操作图式的意识：它是理工学院式的。狄德罗和达朗贝尔的百科全书显示了从少数模式到多数模式的转变。

在组合的层次上，组合（groupe）对它与技术物的关系的认识反映在进步观念的各种模式中，这是组合根据隐藏在技术物中的、可驱动组合发展的力量做出的价值判断：18 世纪的乐观进步观与对元素改进的认识相对应；19 世纪悲观而戏剧性的进步观，与机器个体代替人类成为工具载体以及由这种挫败感引起的焦虑有关。最后，我们仍需要阐释一种新的进步观，它相应于在我们时代的技术组合层面的技术性的发现，这有赖于信息和传播理论的深化：人的真正本质不是工具的载体，即机器的竞争者，而是技术物的发明者，以及能够解决组合内机器之间的兼容性问题的生命体。在机器的层面上，他在机器之间协调它们并组织它们之间的相互关系。他不只管理这些机器，而且使它们互相兼容，他是机器之间信息的中介和翻译，他介入了开放机器的功能所包含的、能够接收信息的不确定性范围。人建立了机器之间信息交换的意义。人与技术物的正确关系必须被理解为生命体和非生命体之间的耦合。纯粹的自动化，排斥了人并笨拙地仿效生命体，但它只是一个神话，并不相应于技术性的最高水平：没有包含所有机器的机器。

最后，第三阶段的认识是根据技术物的发生论，试图将技术物重置于**真实的组合**中，并从本质上了解技术物。这一哲学学说的基本假设在于，设想存在一种人类与世界之间关系的原始模式，即魔术模式：由于这种关系的内部破裂，出现了两个同时和对立的周相，即技术周相和宗教周相。技术性是图形功能的动员，是人与世界关系中关键点的集合；相反，宗教性指向对背景功能的尊重：它是对成为背景的整体的依附。**人与世界之间关系的相移在审美活动上得到了不完美的调解**：审美思想保留了对人与世界原始关系的怀旧之情。它是两个对立周相之间的中性点，但是它作为技术物构造者的具体特征限制了它的调解能力，因为审美物失去了中立性，因此也失去了它通过寻求成为功能性或神圣性的调解能力。只有在同时最原始以及最详尽的思想（也即哲学思想）的水平上，一种真正**中立的**、**平衡的**（因为在对立的周相之间是**完整的**）调解才能介入。因此，只有**哲学思想**可以在人存在于世界的各种模式当中，通过科学和技术、神学与神秘主义之间的调解，来承担对技术性周相的认识、评估以及完善。

《当代学术棱镜译丛》
已出书目

媒介文化系列

第二媒介时代 [美]马克·波斯特

电视与社会 [英]尼古拉斯·阿伯克龙比

思想无羁 [美]保罗·莱文森

媒介建构:流行文化中的大众媒介 [美]劳伦斯·格罗斯伯格 等

揣测与媒介:媒介现象学 [德]鲍里斯·格罗伊斯

媒介学宣言 [法]雷吉斯·德布雷

媒介研究批评术语集 [美]W. J. T. 米歇尔 马克·B. N. 汉森

解码广告:广告的意识形态与含义 [英]朱迪斯·威廉森

全球文化系列

认同的空间——全球媒介、电子世界景观与文化边界 [英]戴维·莫利

全球化的文化 [美]弗雷德里克·杰姆逊 三好将夫

全球化与文化 [英]约翰·汤姆林森

后现代转向 [美]斯蒂芬·贝斯特 道格拉斯·科尔纳

文化地理学 [英]迈克·克朗

文化的观念 [英]特瑞·伊格尔顿

主体的退隐 [德]彼得·毕尔格

反"日语论" [日]莲实重彦

酷的征服——商业文化、反主流文化与嬉皮消费主义的兴起 [美]托马斯·弗兰克

超越文化转向 [美]理查德·比尔纳其 等

全球现代性:全球资本主义时代的现代性 [美]阿里夫·德里克

文化政策 [澳]托比·米勒 [美]乔治·尤迪思

通俗文化系列

解读大众文化 [美]约翰·菲斯克

文化理论与通俗文化导论(第二版) [英]约翰·斯道雷

通俗文化、媒介和日常生活中的叙事 [美]阿瑟·阿萨·伯格

文化民粹主义 [英]吉姆·麦克盖根

詹姆斯·邦德:时代精神的特工 [德]维尔纳·格雷夫

消费文化系列

消费社会 [法]让·鲍德里亚

消费文化——20世纪后期英国男性气质和社会空间 [英]弗兰克·莫特

消费文化 [英]西莉娅·卢瑞

大师精粹系列

麦克卢汉精粹 [加]埃里克·麦克卢汉 弗兰克·秦格龙

卡尔·曼海姆精粹 [德]卡尔·曼海姆

沃勒斯坦精粹 [美]伊曼纽尔·沃勒斯坦

哈贝马斯精粹 [德]尤尔根·哈贝马斯

赫斯精粹 [德]莫泽斯·赫斯

九鬼周造著作精粹 [日]九鬼周造

社会学系列

孤独的人群 [美]大卫·理斯曼

世界风险社会 [德]乌尔里希·贝克

权力精英 [美]查尔斯·赖特·米尔斯

科学的社会用途——写给科学场的临床社会学 [法]皮埃尔·布尔迪厄

文化社会学——浮现中的理论视野 [美]戴安娜·克兰

白领:美国的中产阶级 [美]C.莱特·米尔斯

论文明、权力与知识 [德]诺贝特·埃利亚斯

解析社会:分析社会学原理 [瑞典]彼得·赫斯特洛姆

局外人:越轨的社会学研究 [美]霍华德·S.贝克尔

社会的构建 [美]爱德华·希尔斯

新学科系列

后殖民理论——语境 实践 政治 [英]巴特·穆尔-吉尔伯特

趣味社会学 [芬]尤卡·格罗瑙

跨越边界——知识学科 学科互涉 [美]朱丽·汤普森·克莱恩

人文地理学导论:21世纪的议题 [英]彼得·丹尼尔斯 等

文化学研究导论:理论基础·方法思路·研究视角 [德]安斯加·纽宁
[德]维拉·纽宁主编

世纪学术论争系列

"索卡尔事件"与科学大战 [美]艾伦·索卡尔 [法]雅克·德里达 等

沙滩上的房子 [美]诺里塔·克瑞杰

被困的普罗米修斯 [美]诺曼·列维特

科学知识:一种社会学的分析 [英]巴里·巴恩斯 大卫·布鲁尔 约翰·亨利

实践的冲撞——时间、力量与科学 [美]安德鲁·皮克林

爱因斯坦、历史与其他激情——20世纪末对科学的反叛 [美]杰拉尔德·
霍尔顿

真理的代价:金钱如何影响科学规范 [美]戴维·雷斯尼克

科学的转型:有关"跨时代断裂论题"的争论 [德]艾尔弗拉德·诺德曼
[荷]汉斯·拉德 [德]格雷戈·希尔曼

广松哲学系列

物象化论的构图 [日]广松涉

事的世界观的前哨 [日]广松涉

文献学语境中的《德意志意识形态》 [日]广松涉

存在与意义（第一卷）[日]广松涉

存在与意义（第二卷）[日]广松涉

唯物史观的原像 [日]广松涉

哲学家广松涉的自白式回忆录 [日]广松涉

资本论的哲学 [日]广松涉

马克思主义的哲学 [日]广松涉

世界交互主体的存在结构 [日]广松涉

国外马克思主义与后马克思思潮系列

图绘意识形态 [斯洛文尼亚]斯拉沃热·齐泽克 等

自然的理由——生态学马克思主义研究 [美]詹姆斯·奥康纳

希望的空间 [美]大卫·哈维

甜蜜的暴力——悲剧的观念 [英]特里·伊格尔顿

晚期马克思主义 [美]弗雷德里克·杰姆逊

符号政治经济学批判 [法]让·鲍德里亚

世纪 [法]阿兰·巴迪欧

列宁、黑格尔和西方马克思主义：一种批判性研究 [美]凯文·安德森

列宁主义 [英]尼尔·哈丁

福柯、马克思主义与历史：生产方式与信息方式 [美]马克·波斯特

战后法国的存在主义马克思主义：从萨特到阿尔都塞 [美]马克·波斯特

反映 [德]汉斯·海因茨·霍尔茨

为什么是阿甘本？[英]亚历克斯·默里

未来思想导论：关于马克思和海德格尔 [法]科斯塔斯·阿克塞洛斯

无尽的焦虑之梦：梦的记录（1941—1967）附《一桩两人共谋的凶杀案》

（1985）[法]路易·阿尔都塞

马克思：技术思想家——从人的异化到征服世界 [法]科斯塔斯·阿克塞洛斯

经典补遗系列

卢卡奇早期文选 [匈]格奥尔格·卢卡奇

胡塞尔《几何学的起源》引论 [法]雅克·德里达

黑格尔的幽灵——政治哲学论文集［Ⅰ］[法]路易·阿尔都塞

语言与生命 [法]沙尔·巴依

意识的奥秘 [美]约翰·塞尔

论现象学流派 [法]保罗·利科

脑力劳动与体力劳动:西方历史的认识论 [德]阿尔弗雷德·索恩-雷特尔

黑格尔 [德]马丁·海德格尔

黑格尔的精神现象学 [德]马丁·海德格尔

生产运动:从历史统计学方面论国家和社会的一种新科学的基础的建立 [德]弗里德里希·威廉·舒尔茨

先锋派系列

先锋派散论——现代主义、表现主义和后现代性问题 [英]理查德·墨菲

诗歌的先锋派:博尔赫斯、奥登和布列东团体 [美]贝雷泰·E.斯特朗

情境主义国际系列

日常生活实践 1.实践的艺术 [法]米歇尔·德·塞托

日常生活实践 2.居住与烹饪 [法]米歇尔·德·塞托 吕斯·贾尔 皮埃尔·梅约尔

日常生活的革命 [法]鲁尔·瓦纳格姆

居伊·德波——诗歌革命 [法]樊尚·考夫曼

景观社会 [法]居伊·德波

当代文学理论系列

怎样做理论 [德]沃尔夫冈·伊瑟尔

21世纪批评述介 [英]朱利安·沃尔弗雷斯

后现代主义诗学:历史·理论·小说 [加]琳达·哈琴

大分野之后:现代主义、大众文化、后现代主义 [美]安德列亚斯·胡伊森

理论的幽灵:文学与常识 [法]安托万·孔帕尼翁

反抗的文化：拒绝表征 [美]贝尔·胡克斯

戏仿：古代、现代与后现代 [英]玛格丽特·A.罗斯

理论入门 [英]彼得·巴里

现代主义 [英]蒂姆·阿姆斯特朗

叙事的本质 [美]罗伯特·斯科尔斯 詹姆斯·费伦 罗伯特·凯洛格

文学制度 [美]杰弗里·J.威廉斯

新批评之后 [美]弗兰克·伦特里奇亚

文学批评史：从柏拉图到现在 [美]M.A.R.哈比布

德国浪漫主义文学理论 [美]恩斯特·贝勒尔

萌在他乡：米勒中国演讲集 [美]J.希利斯·米勒

文学的类别：文类和模态理论导论 [英]阿拉斯泰尔·福勒

思想絮语：文学批评自选集(1958—2002) [英]弗兰克·克默德

叙事的虚构性：有关历史、文学和理论的论文(1957—2007) [美]海登·
怀特

21世纪的文学批评：理论的复兴 [美]文森特·B.里奇

核心概念系列

文化 [英]弗雷德·英格利斯

风险 [澳大利亚]狄波拉·勒普顿

学术研究指南系列

美学指南 [美]彼得·基维

文化研究指南 [美]托比·米勒

文化社会学指南 [美]马克·D.雅各布斯 南希·韦斯·汉拉恩

艺术理论指南 [英]保罗·史密斯 卡罗琳·瓦尔德

《德意志意识形态》与文献学系列

梁赞诺夫版《德意志意识形态·费尔巴哈》 [苏]大卫·鲍里索维奇·梁赞诺夫

《德意志意识形态》与MEGA文献研究 [韩]郑文吉

巴加图利亚版《德意志意识形态·费尔巴哈》[俄]巴加图利亚
MEGA:陶伯特版《德意志意识形态·费尔巴哈》 [德]英格·陶伯特

当代美学理论系列

今日艺术理论 [美]诺埃尔·卡罗尔

艺术与社会理论——美学中的社会学论争 [英]奥斯汀·哈灵顿

艺术哲学:当代分析美学导论 [美]诺埃尔·卡罗尔

美的六种命名 [美]克里斯平·萨特韦尔

文化的政治及其他 [英]罗杰·斯克鲁顿

当代意大利美学精粹 周 宪 [意]蒂齐亚娜·安迪娜

现代日本学术系列

带你踏上知识之旅 [日]中村雄二郎 山口昌男

反·哲学入门 [日]高桥哲哉

作为事件的阅读 [日]小森阳一

超越民族与历史 [日]小森阳一 高桥哲哉

现代思想史系列

现代主义的先驱:20 世纪思潮里的群英谱 [美]威廉·R. 埃弗德尔

现代哲学简史 [英]罗杰·斯克拉顿

美国人对哲学的逃避:实用主义的谱系 [美]康乃尔·韦斯特

时空文化:1880—1918 [美]斯蒂芬·科恩

视觉文化与艺术史系列

可见的签名 [美]弗雷德里克·詹姆逊

摄影与电影 [英]戴维·卡帕尼

艺术史向导 [意]朱利奥·卡洛·阿尔甘 毛里齐奥·法焦洛

电影的虚拟生命 [美]D. N. 罗德维克

绘画中的世界观 [美]迈耶·夏皮罗

缪斯之艺：泛美学研究 [美]丹尼尔·奥尔布赖特

视觉艺术的现象学 [英]保罗·克劳瑟

总体屏幕：从电影到智能手机 [法]吉尔·利波维茨基
[法]让·塞鲁瓦

艺术史批评术语 [美]罗伯特·S.纳尔逊 [美]理查德·希夫

设计美学 [加拿大]简·福希

工艺理论：功能和美学表达 [美]霍华德·里萨蒂

艺术并非你想的那样 [美]唐纳德·普雷齐奥西 [美]克莱尔·法拉戈

艺术批评入门：历史、策略与声音 [美]克尔·休斯顿

当代逻辑理论与应用研究系列

重塑实在论：关于因果、目的和心智的精密理论 [美]罗伯特·C.孔斯

情境与态度 [美]乔恩·巴威斯 约翰·佩里

逻辑与社会：矛盾与可能世界 [美]乔恩·埃尔斯特

指称与意向性 [挪威]奥拉夫·阿斯海姆

说谎者悖论：真与循环 [美]乔恩·巴威斯 约翰·埃切曼迪

波兰尼意会哲学系列

认知与存在：迈克尔·波兰尼文集 [英]迈克尔·波兰尼

科学、信仰与社会 [英]迈克尔·波兰尼

现象学系列

伦理与无限：与菲利普·尼莫的对话 [法]伊曼努尔·列维纳斯

新马克思阅读系列

政治经济学批判：马克思《资本论》导论 [德]米夏埃尔·海因里希

西蒙东思想系列

论技术物的存在模式 [法]吉尔贝·西蒙东